クラウド技術と
クラウドインフラ

―黎明期から今後の発展へ―

黒川 利明 著

共立出版

まえがき

　本書は，クラウドの基本的な仕組みを述べると共にそれを理解するための枠組みを提供する．クラウド（もしくは，クラウド・コンピューティング，英語でも，cloudだけで済まされる場合と cloud computingと書かれる場合とがある）については，ここ数年ほど，様々なことが述べられ，書籍も含めて，様々なメディアでとりあげられてきた．しかし，クラウドをITシステムの単なる流行，売らんかなのセールストークというものではなく，また，純粋に技術のみならず，その社会的な背景も含めて全体的に捉えて，教科書としても使えるように解説したものは，意外と少ない（強いて言えば［丸山09, 10］ぐらいで，残念ながらほかにはない）．

　筆者は，1970年代からコンピュータ技術の発展に関わっており，クラウドについても丸山不二夫先生のお誘いなどもあり，初期から関心をもってその発展に関わってきた．その中で，クラウドというものを単にIT技術として切り出すだけではなく，社会的経済的な影響を含めた全体像として捉えることの必要性を痛感してきた．それだけに，クラウドについての基本的な事項と本質的な事項とを核心にして，その社会全体に渡る影響をある程度網羅した教科書が広く行き渡るべきだと考えてきた．

　クラウドの本質的な性格は，情報通信のインフラストラクチャであることに起因し，それが社会経済の（そこには当然ながら情報通信を含めた科学技術が再帰的に含まれる）パラダイムシフトを引き起こしている．そのことを，単なる概説という以上に，また，教科書としてだけでなく，社会に出て活躍している人たちが興味をもって読み進めていけるように述べていきたいと考えてきた．

　クラウドは，教科書として扱うには，生々しすぎるという立場もある．一方で，チューリングマシンを含めたコンピュータ科学の基礎が現在の大学では教えられていないという指摘もあり，現実に起こっている身近なことを基礎に遡って教えるべきだという考えもある．本書の立場は後者に近いが，その一方で，クラウドは，今後とも情報技術の中核としえ教えられるべき基本的な存在であり続けるだろうという確信もある．

　いずれにしても，この本自体が，新たな試みであり，読者の皆さんのご意見，感想を伺って，さらによりよいものにしていきたいと考えている．

2014年5月　　黒川利明

目次

まえがき ··· iii

第1章 クラウドの歴史 ·· 1

- 1.1 2011年3月11日の東日本大震災が示したもの ······ 1
- 1.2 クラウドの始まり 2006年 ·································· 3
- 1.3 クラウドの普及とそれに伴う議論 ························· 4
- 1.4 クラウド以前のコンピュータ ······························· 6
- 1.5 クライアントサーバより前の時代はどうだったか ······ 7
- 1.6 共用メインフレームの時代の振り返り ···················· 8

第2章 クラウド周辺の技術 ·· 10

- 2.1 ムーアの法則（Moore's Law）······························ 10
- 2.2 クラウドと紛らわしい言葉や概念 ························ 12
  - 2.2.1 ネットワークコンピューティング ························· 12

2.2.2 ユビキタスコンピューティング ……………………………… 15
2.2.3 ユーティリティコンピューティング …………………………… 17
2.2.4 グリッドコンピューティング ……………………………………… 18
2.2.5 オートノミックコンピューティング ………………………… 20

2.3 クラウドデバイス …………………………………………………21

第3章 これまでのまとめ —クラウドへの必然的な流れ… 24

第4章 クラウドのアーキテクチャ …………… 28

4.1 クラウドアーキテクチャ …………………………………………28

4.2 クラウドのモデル …………………………………………………30
4.2.1 NIST（米国標準技術研究所）クラウドモデル …………… 31
4.2.2 サービスモデル …………………………………………………… 34
4.2.3 利用モデル（Deployment Model）………………………… 38
4.2.4 クラウド監査 ……………………………………………………… 42
4.2.5 クラウドサービス管理 ………………………………………… 43
4.2.6 クラウドブローカーとクラウドキャリヤ ………………… 44
4.2.7 米国政府の調達モデル ………………………………………… 45

4.3 クラウドのエコシステム ………………………………………48

第5章 クラウドを支える基盤技術 ……… 52

5.1 仮想化技術 …………………………………52
5.1.1 仮想化という概念 ……………………… 52
5.1.2 コンピュータの資源の仮想化 ……………………… 56
5.1.3 マシンの仮想化 ……………………… 60

5.2 インターネット技術 …………………………64

5.3 並列処理技術 …………………………………66
5.3.1 並列処理についての基本的なことがら ……………… 66
5.3.2 クラウドにおける並列処理 ……………………… 69

5.4 素子技術 ……………………………………72

第6章 クラウドの技術要素 ……… 75

6.1 クラウドを実現するハードウェア …………76
6.1.1 クラウドデータセンターのハードウェア ……………… 76
6.1.2 クラウドデータセンターの運用技術 ……………………… 83
6.1.3 クラウドデータセンターの標準化と今後の動向 ………… 86
6.1.4 クラウド端末(クラウドデバイス,スマートデバイス) ……… 92

6.2 クラウドで使われるソフトウェア …………93
6.2.1 クラウドセンターで使われるソフトウェア ……………… 94
6.2.2 クラウドコントローラ ……………………… 94

- **6.2.3** 並列処理を実現するソフトウェアツール ……………… 95
- **6.2.4** データベースとキーバリューストア ……………… 103
- **6.2.5** トランザクションシステム ……………… 105

6.3 クラウドのセキュリティ ……………… 106
- **6.3.1** セキュリティの基本 ……………… 106
- **6.3.2** ITセキュリティの基本 ……………… 111
- **6.3.3** 情報（IT）セキュリティの対策について ……………… 115
- **6.3.4** クラウドセキュリティ ……………… 120
- **6.3.5** クラウド以降のセキュリティについて ……………… 122
- **コラム** クラウド上の無料サービスの魅力と怖さ
  ― Gmail, Naxos Music Library, Amazon Kindle Owner Library ……… 125

第7章 クラウドデザインパターン ……………127

7.1 クラウドアーキテクチャ原則 ……………… 127
7.2 クラウドデザインパターンの形式 ……………… 131
7.3 基本のクラウドデザインパターン ……………… 131
- **コラム** Amazonの強さ, Googleの強さ ― クラウドとどう関係するのか … 146

第8章 クラウドのビジネス活用 ……………147

8.1 事業継続を支えるクラウド ……………… 147
8.2 モバイルビジネスを支えるクラウド ……………… 150

8.3 これからの経営とクラウド ……………………… 151
コラム 経営者にとってのクラウド ― 何が違うのか？ ……………… 155

第9章 クラウドの本質、将来、方向性と課題 …156

9.1 クラウドの本質 ……………………………………… 159
9.2 クラウドの将来と可能性 …………………………… 162
9.3 クラウドの方向性と課題 …………………………… 165
コラム 日本のクラウド事業者は生き延びられるか？ …………… 168

謝 辞 ……………………………………………………… 169
参考文献 …………………………………………………… 170
索 引 ……………………………………………………… 175

第1章 クラウドの歴史

クラウドとは，インターネット上に提供されるコンピュータ資源の利用サービスの総称である．クラウドの発展の歴史を，身近な出来事を通してまず考えよう．

> **クラウドの定義 ❶**
> インターネット上に提供されるコンピュータ資源の利用サービスの総称

1.1 2011年3月11日の東日本大震災が示したもの

歴史は生き物だ．「事実」として理解されている事柄ですら，年月の経過とともに変わることがある．クラウドの歴史を振り返る場で，つい最近の東日本大震災に関連するいくつかの事項を見ていきたい．

災害時において，もっとも重要なことの一つはコミュニケーションと情報共有である．それなしには，避難も救助活動も成り立たないからである．今日では，コミュニケーションと情報共有の中心的な部分は，ICT（情報通信）技術が担っている．

表1.1は，1995年の阪神淡路大震災時と2011年の東日本大震災時の，メディアの世帯普及率を比較したものである．両震災時で，テレビはほぼ全世帯に普及していたが，携帯電話，PC，インターネットの普及には，大きな開きが見られることがわかる．今回の震災は，携帯電話，PC，インターネットが，8〜9割の世帯に普及した中で起きた．

表1.1 阪神淡路大震災時とのメディアの世帯普及率の比較

	1995年阪神淡路大震災	2011年東日本大震災
テレビ	98.9%	99.6%
携帯電話	10.6%	93.2%
PC	15.6%	83.4%
インターネット	* (1996年 3.3%)	93.8%

第1章 クラウドの歴史

　今回の震災で、地震・津波の直撃をうけた地域では、電気・通信のインフラ自体が甚大な被害を受け、IT技術によるコミュニケーション・情報共有が有効に機能できなかったことは、直視しなければならない現実の一つである。ただ、首都圏・東京などの周辺部の被災においては、携帯電話の通話は途絶したものの、メール、Twitterはかろうじてつながり、数百万規模の「帰宅難民」が一時的には発生したにもかかわらず、それがパニックに陥ることはなかった。また、クラウドを利用した安否情報や被害状況の公開、Twitterを通じた情報の共有、インターネットを通じたボランティアの組織など、災害時のコミュニケーションと情報共有では、インターネットとりわけクラウドが大きな役割を果たした。

　グーグルが、東日本大地震発生直後に開始したクラウドを利用した安否確認サービス「パーソンファインダー」は、3月末には、登録が59万件を超えた。さらに、避難所名簿共有サービスでは、現地から1万枚以上の名簿写真がPicasa Webアルバムに寄せられ、4,800人以上のボランティアなどが14万以上のデータを「パーソンファインダー」に登録した。

　アマゾンデータサービスジャパンは、自発的に立ち上げられた災害支援サイト、Sinsai.infoのほかに、クラウド上の計算資源を提供した。Sinsai.infoでは、Twitter上の多数の震災情報を、ボランティアが一つずつチェックして、「信頼できる情報」としてレポートを公開した。アマゾンは、また、アクセス過多で接続が不安定になったサイトや、新たに有用な情報を提供するために公開するサイトについて、コミュニティメンバーとともに、データ移行やシステム構築を支援した。

　日本マイクロソフトのAzureのチームも活発に活動した。彼らは、自治体や被災した企業など、アクセスが集中するWebサーバについて、クラウド上にミラーサイトを作成した。こうした活動によって、少なくないサイトが、サーバダウンを免れることができた。セールスフォース・ドットコムや富士通も、被災した地域の企業に、自社のクラウドリソースの無償提供を申し出た。このような企業以外に、個人の資格で多くのボランティアがクラウド上の奉仕活動に参加した。

　さて、このように東日本大震災で活躍した「クラウド」はどこでどのように始まったのだろうか。

1.2 クラウドの始まり 2006 年

　Wikipedia（http://ja.wikipedia.org/wiki/%E3%82%AF%E3%83%A9%E3%82%A6%E3%83%89%E3%82%B3%E3%83%B3%E3%83%94%E3%83%A5%E3%83%BC%E3%83%86%E3%82%A3%E3%83%B3%E3%82%B0）にも載っているが，「クラウドコンピューティング（Cloud Computing）」という言葉は，2006年当時，米国Google本社の社長だった，Eric Schmidtが初めて使ったと言われている．しかし，それが大きく注目を浴びるようになったのは，同じく2006年に米国のAmazonがAmazon EC2（Amazon Elastic Compute Cloud）というクラウドの一般向けのサービスを発表してからだ．

　Amazonのこのサービスの凄いところは，個人がクレジットカードで，コンピュータを時間あたり，僅かな金額（2006年8月 US-EASTで小規模なシステムが10セントだったという話がある．現在だと6セント＝6円ちょっと）で使えるようにしたということにある．従来も，コンピュータをインターネット越しに使うサービスはあった．しかし，それは通常は，最低でも一ヶ月当たりという契約であり，何十万円かの出費を伴うものであった．それだけでなく，見積りをとり，最終的に使用するコンピュータを決めるための手続きは，途方もなく時間がかかるものだった．

　もちろん，コンピュータをどの程度使うかには幅があって，Amazon EC2のもう一つの特長は，大量のコンピュータを使うことを可能としたことであった（そのように，利用の幅が広いということが，Elastic Computing＝伸縮自在計算という言葉に込められた意図だった）．必要なときに，必要なだけのコンピュータを使うというのは，あとでも述べるように「ユーティリティコンピューティング（Utility Computing）」という名称で，米国HPが1998年に喧伝したことがある．当時の売り文句は，ガスや水道などのユーティリティ・サービスと同じように，使用した分だけを支払う（単位は，大抵が時間当たり）というものだから，そこだけとると，Amazon EC2が始めたクラウドサービスと変わりはない．

　大きな違いは，当時のHPなどのビジネスモデルが，電気やガスの場合と同じように，年単位の契約を紙ベースで結ぶというものであったことである．

これは，Amazon EC2のように，随意契約で（好きなときに始めて，好きなときに止めることができる），使用に際してもウェブからURLを入力して，時間単位の支払いをクレジットカード払いで済ますという方式とは大きく違っていた．ちなみに，先ほども述べたように2006年8月の最低料金は，0.1ドルだった（現在は，6セントまで値段が下がっている）．
　この2006年のAmazon EC2の登場に迅速に対応したのがコンピュータ業界の巨人，IBMだった．2007年には，Blue Cloudという企業向けのクラウドサービスを発表すると同時に，クラウドセンターを米国のみならず，中国，韓国，ベトナム，インド，アイルランド，ブラジル，南アフリカに開設すると発表したのである．
　そして，2008年には，GoogleがGoogle App Engineというクラウドサービスを発表し，マイクロソフトがWindows Azureというクラウドサービスを発表するというように，IT業界の巨人たちがクラウドサービスを相次いで発表するに至って，日本国内でもクラウドへの関心が高まってきた．2007年ぐらいから講演会なども開かれるようになった．特筆すべきは，筆者も参加した丸山不二夫主宰のクラウド研究会が始まったのが2008年8月だということである．このクラウド研究会は，日本のクラウドに関わる研究者，技術者，事業者の情報交換の場として重要な役割を果たした．本書の内容もクラウド研究会のおかげで充実した．
　一方2007年に，クラウドサービスのSaaS（Software as a Service）提供者であるセールスフォース・ドットコムが，このようなクラウドに対してPaaS（Platform as a Service）という位置付けを与えて，アマゾンの提供するHaaS（Hardware as a Service）とともに，クラウドの理解を促進した．

1.3　クラウドの普及とそれに伴う議論

　2009年には，IT業界は，クラウドの話題でもちきりになった．国内の主要ITベンダーである日立，富士通，日本電気がクラウドサービスを発表しただけではなく，IIJを始めとするインターネットサービス各社もクラウドサービスをアナウンスするようになった．
　クラウドへの動きは，このようなクラウドサービス提供側だけでなく，ク

ラウドサービスを受ける側でも巻き起こった．日本国内においては，2009年に，政府のIT戦略本部が発表したi-Japan戦略2015に盛り込まれた，通称「霞が関クラウド・自治体クラウド」が注目を浴びた．これは，電子政府，電子自治体などを実現する情報通信システムとして，それまでのコンピュータセンターのようなものではなく，クラウドサービスを実現しようというもので，同時に，政府の各省庁や，複数の自治体のコンピュータサービスを統合しようとするものであった．

クラウドサービスの極め付きとされたのは，iPhoneとiPadでコンピュータ業界，通信業界の地図を塗り替えたAppleがiCloudというクラウドサービスを2011年に発表したことで，これによって，クラウドは，コンピュータと通信の世界でなくてはならないインフラストラクチャという位置付けが確立した．

現在 (2013年) においても，ICT関連の雑誌やニュースには，クラウドの記事が必ずといっていいぐらい掲載されている．例えば，IT Leadersの2013年4月号には，「クラウドはビジネス変革の道具だ」，CIO Magazineの2013年4月号には，「クラウド・コンピューティングにおける7つの大罪」などという具合である．また，2013年6月には，ERPで有名なSAPがクラウド事業への全面的な参入を表明した．また，Photoshopなど画像処理ソフトウェア大手のアドビ社は，2013年5月に自社のソフトウェアを従来の箱売り (俗にシュリンクラップ販売と呼ばれる) から，すべてクラウド経由のサービス販売に切り替えると発表して注目を集めた．

しかし，クラウドがこのように一般に普及する以前の2008年，2009年においては，そもそもクラウドはナニモノなのか，クラウドは，一時的な流行に過ぎず，中身がないのではないか，本当に普及するのかという議論が盛んに行われたことがあった．そのような，どちらかと言えば否定的な議論の背景を理解するには，クラウド以前のコンピュータの歴史と状況を見ておく必要がある．革新は常に伝統とのせめぎあいから生まれるものである．伝統なきところに革新はない．

1.4 クラウド以前のコンピュータ

クラウド以前のコンピュータとしては，個人が使うPC（Personal Computer，パソコン）と，主として共同で使うサーバ（Server Computer）とがあった．PCとサーバとは，ネットワーク，主としてLAN（Local Area Network），遠方だとWAN（Wide Area Network）でつながっていて，クライアントサーバシステム（CSS），俗にクラサバと称された構成をとっていた（図1.1）．

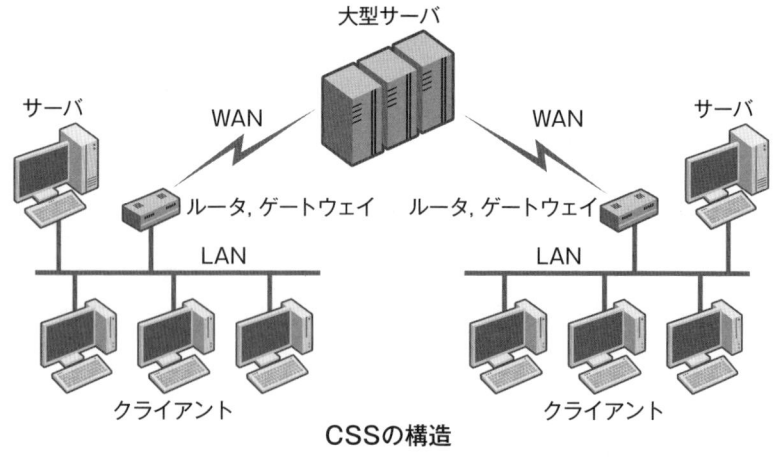

図1.1　クライアントサーバシステム

PCには，大きく分けて2種類の用途があった．一つは，簡単な事務処理，メールなどの連絡作業などを行う役割であり，もう一つは，サーバを利用するための端末，クライアントとしての役割である．サーバは，主として，専用の業務処理を行うために用意されていて，数人程度が共用するものから，何千人という規模で共用するような巨大なもの，さらには，銀行などで使われる巨大で堅牢なシステムがあった．

PCは，身近にあって便利に使えるのだが，時間のかかる業務，大量のデータを高速に処理するには力不足なので，そのような業務にはサーバを使わないといけない．しかし，サーバにも容量があり，共同で使う上の様々な制限

があって，本当に必要なときに必要なだけ使えるとは限らない．いつでも使えるようにサーバの能力を高めておくには，それなりの費用がかかり，使わない間は無駄になってしまうという不都合があった．

　クラウドの出現は，このようなサーバの容量，能力に関する不便さを解消するものであった．クラウドにおいては，必要なだけのサーバを必要な期間だけ使用して，使い終われば，返却するだけで済んでしまう．

1.5　クライアントサーバより前の時代はどうだったか

　クライアントサーバシステムが確立したのは1990年代だが，それ以前にはメインフレーム，ミニコンピュータ，ワークステーションという時代があった．メインフレーム (mainframe) というのは，今の感覚で言えば巨大サーバに近いだろうが，当時，1980年ごろはメモリが数MB，ディスクも数百MBあれば超巨大な時代である．例えば，1975年ごろの東京大学大型計算機センターに設置されていたHITAC8800/8700システムの主記憶は4MBに過ぎない．センター内の集団ディスクの全容量が2GBをやっと超える状態である．昨今の携帯電話の方がはるかに強力だ．メインフレームは，会社で言えば，全社で数台が普通の時代である．業務としては，企業の基幹システムを担っていたが，そのあたりは，今日生き残っているメインフレームも同じだと言える．

　ミニコンピュータ (mini computer) は，メインフレームに比べて小さいからミニなのだが，これは，企業で言えば部門で購入して管理できた．メインフレームは，全社の電子計算機室のようなところがあって，そこですべてを管理しており，一般社員は，利用申請を出してやっとのことで使わしてもらうという時代だ．ミニコンピュータは，工場などでは，制御用コンピュータ (Process control computer, プロコンという略称もあった) とも呼ばれており，現場の技術者が自分たちで面倒を見ることができた．メインフレームは，電子計算機室という空調完備の特別室に置かれ，自家発電装置付きの電源などが別途用意されているというしろものだった．

　ワークステーション (Workstation computer) と呼ばれたものは，今のPCに近いものだが，作業台計算機という直訳が示すように，CADのようなある

7

種の特殊業務をこなすもので，これも，個人が専有するというよりは，グループで共有するものだった．今日のPCの先駆けとなったのは，1981年にゼロックス社から発売されたStarワークステーションで，XEROX STARと呼ばれ，ほぼ今日のPCの基本機能，基本装備を備えていたにもかかわらず，価格やソフトウェアなどの問題によって，営業成績としては惨めな失敗に終わった．

クライアントサーバより前の時代の特徴は，XEROX STARを除けば，ネットワークというものを一切前提にしていないということである．メインフレームやミニコンピュータでも複数の端末を接続することはできたし，タイムシェアリングシステム (Time Sharing System, TSS) という形式で，メールなど，今日のスマホやタブレットでできることの一部が利用できたりはしたが，ウェブがなくて，ウェブブラウザも何もない時代だから，個人でのコンピュータ利用などは，想像することすら難しかった時代である．

1.6 共用メインフレームの時代の振り返り

ここで，いい機会だから，クラウドの話で，特に，研究室などの個別のサーバをすべて撤収して，クラウドに移行しましょうという話に際して，古いことを知っている人から出る，昔の共用メインフレーム，大学などでは大型電子計算機センターなどと言っていた，その時代にまた戻るのかという議論について触れておこう．

1970年代から1980年代にかけて，まだコンピュータが高価であった時代，計算という作業そのものも高価なものだった．そこで，共同で高価なコンピュータを利用するというのが，共用電子計算機センターの発想である．共同利用して利用価格を抑えるということ自体は，確かに，現在のみんなで使うクラウドは安いというのと同じではある．しかし，その価格の中身がまるっきり違っているのだ．

かつての共用センターの場合，1台で何億円もするという大型電子計算機を一人ずつ買うわけにはいかないからというごく簡単な理由によるもので，利用人数分の台数のコンピュータを揃えるなど，そもそも買えるはずがないものを，なんとか共同で1台購入し，計算時間という形で分け合おうというものである．

現在の，霞ヶ関クラウドなどでも出ているような，クラウドセンターに集約するという話は，コンピュータが高価だからというのが理由ではない．以前，東急ハンズの方と話した折にもあったが，現在は，コンピュータの価格そのものは安いので，定常的な業務があるのなら，クラウドを利用するよりも，そういう安いコンピュータを買ったほうが，数年間という期間で見れば間違いなく安上がりになるはずである．

　共用クラウドで安上がりになるのは，コンピュータのハードウェアの価格というよりは，そのコンピュータにまつわる種々の管理費用なのである．それは，場合に寄れば，学生や大学院生の無料奉仕という形の目に見えない費用であるかもしれない．パッチを当てたり，セキュリティや個人情報にまつわる様々な作業をひっくるめた費用であり，あるいは，急遽計算処理が必要になったのでという手当のための様々な処理に伴う費用が削減されるということである．

　また，共用クラウドの目的に上がるものに，データやプログラムの共用がある．これも，かつての電子計算機センターでは，それぞれの業務がバラバラなことが多かったので，せいぜい，共通のライブラリの整備が関の山で，データを融通することなどはあったかもしれないが，データの共用という発想ができるような，そういうデータの格納スペースは，磁気テープ保管庫ぐらいしかなかったというのがその時代の実情であった．

　まとめると，かつては，コンピュータというハードウェアを価格の面から仕方なしに共同で利用していた．今のクラウドの場合には，個別に自前で買ったハードウェアなどを使って得られていた個別のサービスを，クラウドという共通のインフラストラクチャから得られる共用のクラウドサービスに切り替えようということなのである．多数ある目的の一つにすぎないクラウドによる費用削減とは，コンピュータを使ったサービスの確保にかかる費用なのだ．

■ クラウドの定義 ❷
クラウドサービスを提供する共通の情報処理インフラストラクチャ

第2章 クラウド周辺の技術

　第1章ではクラウドの歴史について，一応見てきたわけだが，クラウドのことを将来も含めて，ということは，その周辺も含めて理解することがこれからの議論にも重要だと思われる．ついでに言えば，背景も含めて，こういった周りのことを書いたものがほとんどなかったりするので，それらについても述べていきたい．

　クラウドがわからないことの一つは，こういう背景や周辺がきちんと理解されていないことに原因がある．

2.1 ムーアの法則（Moore's Law）

　ムーアの法則は，インテルの共同設立者であるGordon Moore（ほかの2人はRobert NoyceとAndrew Grobe）がElectronics Magazineという雑誌に1965年に発表した"Cramming more components onto integrated circuits（集積回路にもっと部品を詰め込む）"という題の文章中で述べた，「部品あたりのコストが最小になるような複雑さは，毎年およそ2倍の割合で増大してきた」に由来する．一般的には，「集積回路上のトランジスタ数は18ヶ月ごとに倍になる」と伝えられているが，Wikipediaには，「2年ごとに倍」としかMoore本人は言っていないとされている．

　24ヶ月か18ヶ月かは，数値としては重要だが，もっと重要なことは，製造単価が集積度が倍になってもそれほど変わらないという経験事実と，集積度が倍になることは，配線長が$1/\sqrt{2}$，つまり約30％ほど短くなり，処理速度がそれだけ速くなるということである．

　つまり，集積回路1個当たりの製造原価が半分になり，性能が30％向上するということが，方向として定まっているというのが，半導体に関与するあらゆる産業に，甚大な影響を与えてきたということである．

　したがって，例えば，コンピュータの値段は劇的に下がってきた．1980年頃に何億円もしたメインフレーム，あるいは，数十億円したスーパーコンピュータを凌駕するようなPCが，現在では，数万円以下で売られているの

である．

　1987年に，Motorolaの68020 25MHzをCPUとして，主記憶4MB，ディスク120 MBのSun3/260というサーバが，2000万円で売られていた．これでも，大型電子計算機センターで使われていたHITAC8800/8700と比較すると，驚くほど安価になったといえるのだろうが，これを現在4.3万円ほどで売られている，クロックが3GHz，主記憶16GB，ディスク2TBというPCと較べてみれば，安さの程度に呆れてしまうのではないだろうか．

　1987年と2007年との20年間での対比では，次のようなことが言えた．

- マイクロプロセッサのパフォーマンスは，1万倍以上（1MHz対3.5GHz，8bit対64bit）
- メガバイトあたりのメモリの値段は，3万分の1（$3,500対10 cents）
- メガバイトあたりのディスクの値段は，360万分の1（$1,200対 .033 cents）

　さらに，ネットワークに関しては，2000年にGeorge Gilderが唱えたギルダー (Gilder) の法則があって，これは，通信網の帯域幅が半年で2倍になるというものである．実測は，1年で2倍程度なので，1987年と2007年の20年間で，100万倍程度である．

- 一般ユーザのネットワーク接続のスピードは，100万倍（96 baud対100Mbps）

　クラウドは，これらの条件，安価で高性能なコンピュータ部品が豊富に手に入るという前提条件が揃っているから，2006年から可能になったのだということを，理解しておきたい．一般ユーザが，ウェブ経由でコンピュータを使うには，ネットワークの速度が重要だというのは，比較的わかりやすいだろう．ユーティリティコンピューティングが試みられたときには，まだネットワークの速度が出ないので，特別な接続をして，コンピュータを使う必要があった．各社がクラウドに力を入れだしたのは，通信ネットワークが整備されてクラウドが可能になって，利用者が出現したからでもある．

　それでは，ムーアの法則（通信速度に関するギルダーの法則も，ムーアの法則の恩恵を蒙っている．ネットワーク機器の性能が上がり，価格が下がっているから通信速度が上がっている）は，クラウドにどのように影響してい

るのだろうか．

　結論を言えば，クラウドセンターは，このような安価なCPU，メモリ，ディスクを使うことによって成り立っている．かつての大型電子計算機センターのように，性能を上げるために，個別の素子の性能を上げるというスケールアップ (Scale-Up) を追うのではなく，安価な素子を使った普通のコンピュータシステムをもっと多数用意するスケールアウト (Scale-Out) という方式によって，安価でかつ強力な計算能力を提供している[※1]．

　ただし，スケールアウトによるこの計算能力を利用することについては，仮想化を始めとする各種のソフトウェア技術の蓄積も大いにあずかっている．そういうクラウド利用環境が整うのにも，それなりの時間を要したのだ．

2.2 クラウドと紛らわしい言葉や概念

　クラウドの話題が盛んになった2007年ごろ，よく言われたのが，前にもそういう話はあったはずだ，いったい何が違うのだということだった．すでに述べた，ユーティリティコンピューティングがその一つだが，ほかにも，グリッドコンピューティング，オートノミックコンピューティングなどの言葉（概念）があった．この辺りで，少し整理をしておこう．

2.2.1 ネットワークコンピューティング

　これらの中でもっとも早くから唱えられたのは，ユビキタスコンピューティングということになるが，そう明確な形でなければ，ネットワークコンピューティングの方が，より古く1990年初頭から動きがあったという見方もできる．基本的なことでもあるので，ネットワークコンピューティングから，まず見ていこう．

　ネットワークコンピューティング (Network Computing) とは，コンピュータの利用にあたって，複数のコンピュータを接続し，また，様々な機器や利

※1 あとで述べるように，GoogleやAmazonなどは，自社のクラウドセンターで使うコンピュータシステムを自作している．したがって，単純なスケールアウトではない．ただし，CPUなどの素子は市販の素子を使っているので，かつてのコンピュータメーカがやっていたようなCPUの素子の素材を変えるとか，クロックを変えるなどのスケールアップとは無縁である．市販のPCをただ多数並べただけでは，スケールアウトはうまくできないということである．

表2.1　クラウドとよく似た言葉や概念

言葉	開始時期	主唱者	内容
ユビキタスコンピューティング	1991	Xerox PARC	世界のあらゆるところにコンピュータがあり，それを利用するという概念
ネットワークコンピューティング	1995	Sun, IBM	ネットワークを中心としたコンピュータの構成と利用
ユーティリティコンピューティング	1998	HP	電気やガスのように使いたいときに使い，その分だけの費用を支払う
グリッドコンピューティング	2001	研究機関	ネットワーク上の計算資源を統合してあたかも一つのコンピュータのように使う
オートノミックコンピューティング	2001	IBM	コンピュータの構築・管理・運用の自動化

用者の端末とも接続しているネットワークを主体にして，コンピュータ利用を考えようという趣旨のもので，Wikipediaには，IBM会長のガースナーが1995年に唱えたと述べられている．

しかし，ネットワークコンピューティングという考え方そのものは，(2010年にオラクルに買収されたが) サン・マイクロシステムズが，Network as a Computerという標語を掲げて，1990年ごろから活発に宣伝していた．

サン・マイクロシステムズ(SUN Microsystems)という社名の由来がスタンフォード大学ネットワーク(Stanford University Network)の頭文字をとったということからもわかるように，サンは設立当初から，ネットワークを介したコンピュータ利用に積極的だった．

裏返せば，2000年を迎えるまで，一般のユーザの意識は，個別のコンピュータの利用しか考えていなくて，ネットワークを中心に据えるところに来ていなかったということである．その基本的な理由は，ネットワークの使い勝手が悪かったということと，それと裏腹の (いわゆる卵が先か，鶏が先かという議論の) 関係になるが，ネットワークを使って得られる業務や効率上昇が，そんなに大きなものではなかったということである．

例えば，現在ではスマートフォンやSkypeで頻繁に使われるようになった

第2章 クラウド周辺の技術

テレビ電話やビデオ会議は，1990年代にISDN（Integrated Services Digital Network）の応用として，大いに喧伝されたことがある．しかし，現実には使いものにならなかった[※2]．当時は，ポケットベル（略称ポケベル）のようなメッセージ機器の方がはるかに便利で使いものになった．ムーアの法則で述べたような価格性能比の低減が，まだ，画像通信を一般利用する領域にまで達していなかったということになる．

1990年代半ばでのネットワークを中心に据えてコンピュータ利用を考える（その字義通りの意味で，ネットワークセントリックコンピューティング，Network Centric Computing, NCCという言葉も使われた）というのは，時代の趨勢を先取りするという点で，意味があった．同時に，それは，インターネットの普及と，1989年のベルリンの壁崩壊に象徴される新たなグローバル経済の立ち上がりによって，コンピュータの新たな活用が広がるという確信の表明でもあった．

クラウドコンピューティングは，その意味では，ネットワークコンピューティングの直系の子孫ということができるが，次のような点で，クラウドは，ネットワークコンピューティングの限界を突破している．

1) クラウドは，計算・情報処理サービスを社会・経済のインフラストラクチャとして提供する．（ネットワークコンピューティングは，個別の業務処理のシステムを前提にしているので，どこでも使えるわけではなかった．）
2) クラウドは，計算・情報処理サービスを必要なだけ必要なときに提供するという弾力性に富む．（ネットワークコンピューティングは，固定的なシステムを前提にしており，最大負荷を前もって考える必要があった．）
3) クラウドでは，物理的なシステムの構成・管理・運用は，すべてクラウドセンター側で行われ，ユーザが行う仮想的なシステム構成とその利用とは，切り離されている．（ネットワークコンピューティングでは，ネットワークも含めて，構成・管理・運用は，ユーザ側組織の責任だった．）
4) クラウドは，計算資源を使って，ネットワーク越しに各種のサービスを提供

[※2] 齋藤はその著書［齋藤13］の中で，自分たちが1994年に開発したビデオ会議システムのプレゼンで「カメラ機能をオフにするにはどうすればいいですか？」と予想外の質問を受け，ビデオ会議には，自分の顔を見せたくないという心理的な状況があると述べている．これも使いものにならなかった理由の一つではある．

する.（ネットワークコンピューティングでは，サービスという概念はなく，自分で自分のために計算する＝情報処理をするためのシステムだった.）

2.2.2 ユビキタスコンピューティング

時期的には，ネットワークコンピューティングに先行するとも見られるユビキタスコンピューティング(Ubiquitus Computing)はどうだろうか．実は，これによく似た言葉として，ユビキタスネットワーク社会とかユビキタスネットワークとか呼ばれるものがあり，これは，主として1999年頃から日本発で，コンピュータだけでなく様々なモノがネットワークでつながり通信するという環境における新しい産業と社会についての可能性を論じたものである．それと同時に，そのような環境を実現するための多数の研究開発プロジェクトが行われた．

ユビキタスコンピューティングは，ユビキタスネットワーク社会よりも時期的に先行しているのだが，同じように計算資源が普遍的に活用できるという環境を前提にしている．そのような，普遍的にコンピュータが利用できる場合のアプリケーションのあり方や可能性を検討する．どちらかと言えば，そういう場での利用者の使い勝手，いわゆるユーザインタフェース(UI)の研究が主であった．

パベーシブコンピューティング(Pervasive computing)という名称も使われるようで，日本語では，漫画ドラえもんの「どこでもドア」をもじって，「どこでもコンピューティング」という名称も用いられている．

ユビキタスコンピューティングでは，利用者が使う端末も，通常のキーボードを使ったディスプレイだけではなく，今ではスマートフォンで採用されて普及したジェスチャーを受け入れるタッチパネル，音声入出力ができる端末，視線認識や脳波検出ができる装置など，様々な機能をもつデバイスが検討されてきた．

さらには，最近では，Internet of Things（モノのインターネット），M2M (Machine to Machine)あるいはセンサーネットワークという呼称が一般的になっているが，インターネットにつながったセンサーとアクチュエータの組み合わせでの，人間を介さない情報入力と各種装置の操作などをシステムが行うことも，ユビキタスコンピューティングでは検討されていた．

第2章 クラウド周辺の技術

　クラウドは，地球規模の普遍的な計算環境を実現しようとしているが，センサーネットワークもクラウドにつながるようになってきている．エアコンやお風呂，炊飯器などを帰宅前に起動して，帰ってきたら快適な状況になっているという夢の住宅が随分前から語られてきたのだが，こういった機器の制御装置がインターネットに繋がって，外出先から制御できれば，このような夢のシステムが実現できる．GPS（全地球測位システム）と連動すれば，あとどれぐらいで帰宅するかを計算して，自分で制御しなくても自動的に準備するという，以前はSF（空想科学小説）でしか可能でなかったことすら実現できる．現時点で，これらの機器を開発することそのものには問題がなくて，むしろ，関係する法律だとか，誤用・悪用されたときの危険性に対するセキュリティ対策などのほうが課題になっている．

　クラウドは，ユビキタスコンピューティングを行うインフラとして，十分に機能できる条件を，まだ完全ではないけれども基本的に満たしている．ユビキタスコンピューティングが目指しているユーザインタフェースなどは，クラウドの守備範囲ではないのだが，UIの進化が新たな利用を生むという意味で，ユビキタスコンピューティングとクラウドとはともに発展していくだろう．

1) クラウドは，事実上，世界のあらゆるところで情報サービスを提供するインフラとなっている．（ユビキタスコンピューティングは，理念として，あらゆるところで計算できることを目指していた．それが，ほとんど実現されかけている．）
2) クラウドを利用するクラウド端末も，従来のPC，スマートフォン，タブレットからウェアラブル，さらに各種センサーと進化している．（ユビキタスコンピューティングでは，視線認識や脳波まで検討されてはいたが，実現の道筋は明らかではなかった．）
3) クラウド利用のユーザインタフェースは，クラウド端末の発展とともに進化している．自動車におけるクラウド利用などは，その典型例だろう．（ユビキタスコンピューティングの成果が活かされているだけでなく，それまでの検討を超えているところもある．）
4) ユビキタスコンピューティング的なクラウドの利用については，セキュリティやプライバシーなど，過去のユビキタスコンピューティングでは余り議論さ

れていなかった問題が持ち上がっている．（将来像としてのユビキタスコンピューティングと，実現され実用されるインフラとしてのクラウドとの相違点である．）

2.2.3 ユーティリティコンピューティング

　次はユーティリティコンピューティングだが，これについては，1.2節「クラウドの始まり　2006年」でも，Amazon EC2と比較する形で少し述べた．ここでまとめておくと，ユーティリティコンピューティングは，電気・ガス・水道と同じように，計算資源を必要なときに必要なだけ利用し，使用した分だけ利用料金を払うという特長をもつ．

　この特長だけに注目すれば，クラウドは，ユーティリティコンピューティングの実現だといってよい．ただし，ユーティリティコンピューティングが，1998年当時前提にしていた計算とネットワーク環境や開発の方向を見ると，ネットワークコンピューティングで述べたのと同様に，ユーティリティコンピューティングが抱えていた限界，なぜそれが実際の動きにならなかったかがわかる．

1) クラウドは，計算・情報処理サービスを電気やガス水道などと同様に社会・経済のインフラストラクチャとして提供する．（ユーティリティコンピューティングは，インターネットが力不足で，インフラとしてではなく個別の業務処理システムを前提にしていた．）
2) クラウドは，電気やガス，水道同様にどこでも使える．（ユーティリティコンピューティングは，特定の整備された環境でしか使えなかった．）
3) クラウドは，基本的にはインターネットを介してすべての準備と管理ができる．（ユーティリティコンピューティングの時代は，準備と管理には別途作業が必要であった．）
4) クラウドは基本単価が安くて誰もが利用できる．（ユーティリティコンピューティングのコンピュータセンターは，高機能なサーバとストレージを揃えることによるスケールアップによって，需要を満たすという方針だったので，基本単価は安くならなかった．アマゾンなどクラウドの事業者は，クラウドサービスを副業的に始めることで低価格化を推し進めることができた．）

クラウドは，ユーティリティコンピューティングで開発された技術基盤をもとにして開花したとも言える．

2.2.4 グリッドコンピューティング

グリッドコンピューティング (Grid Computing) は，電力網のグリッド (格子網) をイメージして名前が付けられたという．最近の例では，スマートグリッドがその例となるのだが，GoogleやIBMがスマートグリッドでは有名なものだから，グリッドは元々IT関係の用語だったのだと誤解している人もいるかもしれない．

グリッドコンピューティングは，ネットワークコンピューティングの一種，ある種の発展形と受け止められていた．ネットワークという一般的な用語を避けて，コンピューターグリッドを構築して，計算を行う方式を研究開発するということで，コンピューターグリッドが全体として一つのコンピュータのように稼働する．

グリッドコンピューティングが話題になった2001年当時，これが，今後の分散並列計算の基礎を形作るということを多くの研究者が考えていた．世界中で研究が活発になると共に，当初はThe Global Grid Forum (GGF) やThe Enterprise Grid Allianceというような組織ができて，共同開発や標準化することによる基盤作りが行われ，これらの組織は2006年にThe Open Grid Forum (OGF) という世界的な組織にまとめられるようになった．

歴史的な経緯を調べると，グリッドコンピューティングという概念，あるいは，グリッドフォーラムという研究支援組織のでき方など，関連した人々や組織がスーパーコンピュータの関係者であることがわかる．グリッドコンピューティングが，スーパーコンピュータを結んだコンピュータネットワークの作成者や利用者が関わっていたという背景からも推測できるように，グリッドコンピューティングの一つの狙いは，一台の計算機では手におえないような膨大な計算やデータ処理を，コンピュータグリッドというスーパーコンピュータをネットワークの要素として含む，仮想的な超スーパーコンピュータで処理したいというのが直接的な動機となっていた．

クラウドコンピューティングが登場した時期は，グリッドコンピューティングの整備が進んできた時期と重なる．ネットワークを介しての情報処理とい

う点，あるいは，複数のコンピュータシステムを使うという点から，両者は何が違うのだという議論もあった．特に，日本国内では，クラウドコンピューティングは，これまでのグリッドコンピューティングと違う何かがあるのかどうか，グリッドコンピューティングを推進すればクラウドコンピューティングも容易にできるようになるのではないかなどという議論があった．学会の意見では，グリッドコンピューティングを商用化するのが，クラウドコンピューティングだという話もあった．そのような見方の極論は，クラウドには何も技術的に新しいことはないというものだった．

しかし，クラウドの利用者の間からは，グリッドコンピューティングとの相違を問う声はほとんどなかった．それは，次のような明らかな相違点があったからである．

1) グリッドコンピューティングの活動には，企業も参加していたが，基本的には国家が支援する研究開発だった．したがって参加者も限定され，広範に安価に情報処理サービスを提供するという視点を欠いていた．（クラウドコンピューティングは，最初から商業的な事業として行われ，一般的な利用者に安価なサービスを提供した．）

2) クラウドコンピューティングが対象としていたのは，研究者よりも一般の利用者だった．使うアプリケーションも一般的な企業向けのものを主としていた．（グリッドコンピューティングでは，スーパーコンピュータを使うような先進的な利用者を想定し，そのような高度なアプリケーションをグリッド上にどう構築し，運用していくかが興味の対象だった．）

3) クラウドコンピューティングを実現するクラウドデータセンターでは，汎用の安価なコンピュータシステムを大量に活用するスケールアウトという方向で仮想化を行い，不特定多数の利用者にサービスを行っていた．（グリッドコンピューティングでは，コンピュータシステムの高度化によるスケールアップによる仮想化と，限られた利用者への高度なサービスが主たる目的となっていた．）

4) クラウドコンピューティングは，サービスを提供する業者がサービス内容を独自に決め，独自に普及に力を入れていた．（グリッドコンピューティングは，当初から，世界的な標準を作り，アプリケーション構築のインターフェイス

を共通化するという目標を掲げていた.）

　グリッドコンピューティングに関わっていた人々からは，クラウドコンピューティングに関して，技術的に目新しいものは何もないという批判がよく出された．クラウドが技術開発という視点よりも，営業的な利用者の利便性という視点から開発されてきたという違いが，そのような発言に表れている．2013年の時点では，グリッドコンピューティングの研究開発はほぼ収束している．日本の拠点であった，国立情報学研究所のリサーチグリッド研究開発センターは，2012年3月で活動を終えた．

2.2.5 オートノミックコンピューティング

　オートノミックコンピューティングは，主としてIBMが2001年頃主導したものである．"autonomic"という単語が意味するように,主としてコンピュータシステムの自律運用を可能にすることを目標にしていた.将来のコンピュータシステムは，そういう自律的な存在になるべきだというわけで，次の四つの機能を実現するというのが目標にすえられていた．

- 自己構成（Self-configuring）
- 自己修復（Self-Healing）
- 自己最適化（Self-optimizing）
- 自己防御（Self-protecting）

　2005年には，当時神奈川県大和市にあった日本IBMの大和開発研究所にオートノミック・コンピューティング・テクノロジー・センターが設置され，デモンストレーションや，富士通など日本企業との協業が行われた．
　残念ながら，今日でも，上の4機能を備えたオートノミックコンピュータは，実現されていないし，あったらいい，できたらいいのは当然としても，それを近い時期に実現する必要性は，あまり感じられていない（表2.1の中でも，おそらく現在一番見かけることの少ない言葉であろう）．
　理由は，人間系も含めてクラウドデータセンターを考えれば，上の4機能がほぼ実現されているからであり，もう一つの理由は，現行のコンピュータだけで，4機能を備えたものを作るというのは，人工知能を実現することと

ほぼ同じ困難さがあるということである．

そもそも，究極的な自己構成や自己修復には，電気機械的な機能を備えたロボットが必要となるので，狭い意味でのコンピュータシステムには困難であった．人間系を含めれば，構成変更も修復も，最適化や防御も，そのデータセンター業務の一環として提供される．

一方で，利用者の立場に立てば，これらの4機能がコンピュータ自体で提供されようが，コンピュータの面倒を見る人間たちによって提供されようが関係ない．そのような利用者の視点では，オートノミックコンピューティングはすでに実現され，運用されているものとなる．

その意味では，もはや話題に上る必要がないという見方もとれるだろう．

2.3 クラウドデバイス

2006年にクラウドコンピューティングが登場したときには，それほど話題にならなかったのに，現在では，話題のともすると中心になっているのがクラウドデバイスである．

クラウドデバイスは，文字通り，クラウドコンピューティングで使う機器であり，クラウドに接続する機器である．2006年当時，クラウド，すなわちインターネットに接続するには，PCも含めてコンピュータでなければならなかった．しかし，Apple社のスマートフォンiPhoneが2007年に登場し，さらに，タブレットiPadが，2010年に登場して以来，インターネットに接続する機器としての携帯電話やタブレットの台数が飛躍的に増加した．

例えば，2013年5月13日付の日経PCオンラインの記事［日経PCオンライン］によると，「2013年第1四半期（1〜3月）のスマートモバイルデバイスの世界出荷台数は3億870万台…・一方ノートパソコンの第1四半期における出荷台数は5050万台」というように，今や，PC以外のデバイスのほうが急速に普及するようになってきている．

携帯端末という括りで考えれば，そもそも，個人一人一人がもつもので，価格もPCに比べて安価なことはわかっているのだから，例えば，図2.1のように，今世紀の初頭から，携帯電話が普及してきているのだから，何もおどろくべきことではないという意見もあるだろう．

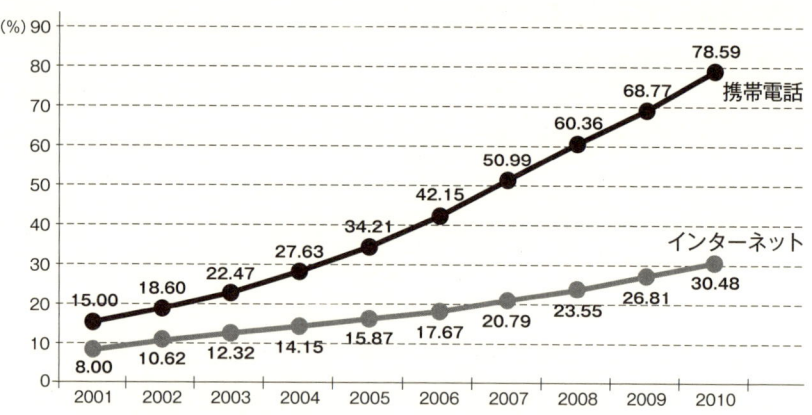

図2.1　携帯電話の普及率はインターネットの普及を上回っている［丸山12］

　しかし，社会的なインフラストラクチャとしてのクラウドの性質を考えたとき，このように，世界のほとんどの人がもつ端末がクラウドにつながり，クラウドを利用できることは大きな意味をもつ．

　まずは，なぜ，これらをクラウドデバイスというのかについて，再度述べることにしよう．丸山は，以前から，情報メディアについて研究し，検討を重ねてきた［丸山00］が，20世紀のメディアの特徴を次のようにまとめている．

　20世紀は，電力ネットワークを始めとして，鉄道と高速道路に代表される交通網，ラジオとテレビに代表される放送網，当初は電信，そのあとは電話による通信網，そして最後にインターネットに代表されるコンピュータネットワークというネットワークの時代であった．

　20世紀は，また，新聞とラジオにより，マスメディアが開始された時代であり，それは，テレビによって，一つの完成の域に達した．

　受け手側の立場では，本や新聞という従来のメディアに加えて，ラジオやテレビ，さらには，インターネットという複数のメディアからなる，マルチメディアの時代であった．

　これに対して，21世紀のメディアはどうなるのか．丸山は，21世紀のメディアを，次の二つで特徴付ける．

　第一は，クラウドに代表されるグローバルなインターネットの発展と，その上での様々なメディアのネットワーク上での統合による，ユニメディア

2.3 クラウドデバイス

(Uni-Media) である.

　第二は，家族であったり，職場であったり，ある程度の人の小集団をベースとしていたメディアから，個人を前提としたパーソナルメディアである.

　このようなメディアの動向は，クラウドと密接に関係している．クラウド化が進展することによって，このようなメディアの進化があり，それが単なる携帯端末が，クラウド端末となり，ネットワーク機器が，クラウド機器へと変貌していく過程と結びつく．

　クラウドデバイスは，基本的には，クラウドにつながった機器すべてを指す．すでに述べたように，当初はコンピュータだけだった．スマートフォンが切り拓いたのは，コンピュータ以外にも，クラウドに接続して，クラウドの提供するサービスを活用できる機械が存在するという事実だった．

　スマートフォンは,当初は，使い方もコンピュータの延長という側面もあり，コンピュータに接続しないと初期化やバックアップなど基本的な作業ができないという時期もあったが，2010年のApple社のiCloudに見られるように，クラウドにつながりさえすれば，基本的なサービスがすべて受けられるようになってきている．

　携帯電話の方が，クラウド上でのメッセージなどのサービスが主体で，音声による本来の電話としての使い方が減少しているという側面もあって，クラウド上のメディアとしての使い方が中心となっているので，逆に，電話という従来の機能が，クラウド上のサービスの一部の機能としてとりこまれるようになっている．

　最近では，クラウドデバイスという分類に，インターネットに接続されたセンサーが入るようになっている．端的な例が，電力消費を測定するスマートメーターである．すでにGoogle社は，スマートメーターの事業をやめてしまっているが，このようなセンサーがクラウドに接続され，クラウドを介して新たなサービスを提供するというのが，クラウドデバイスという言葉の背景にある．

　(クラウド＝情報通信インフラストラクチャ)＋(クラウドデバイス＝新しい情報)がクラウド上の新しいサービスを生むという構図である．クラウドデバイスの現時点のような発展は，クラウドの誕生当初から期待されていたとは思われないが，広範囲に影響を及ぼす新しいインフラストラクチャの誕生と普及は，常にこのような予想外の可能性を生み出すものである．

第3章 これまでのまとめ
― クラウドへの必然的な流れ

　これまでのところをまとめておこう．ポイントは，クラウドへの進化は必然的なものだったということになるのだが，何がどう必然的だといえるのか，それはまた，これからどのように変化や進化が起こるのかということにも関わってくる．

　一つのポイントは，技術の進歩である．2.1節「ムーアの法則」は，情報通信技術そのものが現在依拠している半導体に関連した技術進歩を端的に表現したものである．これは，情報通信技術を支える要素，部品や装置の価格が指数関数的に下がることを示しており，それは，現代社会（そして未来社会も含めて）がこのままの豊かさを維持すれば，価格が下がる分だけ普及が進むということになる．

　2.2.4項「グリッドコンピューティング」でも述べたが，ハイエンドのスーパーコンピュータで考えられていたグリッドが，ローエンドのシステムを中心にした現在のデータセンター技術に圧倒される結果になったことなどは，この技術普及がどのようなインパクトをもつかをよく示している．

　クラウドデバイスにおいても見られるのだが，ローコストの製品の普及は，高価なハイエンド製品とは比べものにならない個数で，社会現象となって現れる．ユビキタスコンピューティングが今のようなスマートフォンやこれから登場するグーグルグラスのような形になることは，予想されなかったわけではないけれども，正確には予想できなかったというのが実情だ．

　ソフトウェアと人間のもつ感性についての検討も必要だろう．例えば，2004年頃から，サービス指向アーキテクチャ（Service Oriented Architecture, SOA）という言葉が，企業システムの構築や再見直しのために喧伝されたことがある．

　要点は，従来の企業システムが，データベースであるとか，ウェブサーバ，あるいは，ERPや人事，経理などの部門別のアプリケーションサーバ別に構成されているのを，サービス単位で再編成することにあった．

　このSOAは，クラウドの普及とともに，2007年頃再度話題になり，企業システムをクラウドに移行するには，SOAで再構成する必要があると説かれたこともあった．SOAは，残念ながら日本ではそれほど広がらなかったが，

クラウド利用は，着実に広がっている．

セキュリティの問題もそうだが，クラウドとは本来無関係なことがらが，色々な契機からクラウドに関連付けて論じられることが多い．クラウドは，実機をヴァーチャルに仮想化して，いつでも調達できるし，ほかのシステム要素との結合も，もし同じクラウド上なら極めて容易だから，SOAと相性がいいのは確かだが，それが直ちに，SOAでないとクラウド化に移行できないという訳ではない．

システムとしてのクラウド化，コンピュータシステムへの負荷が動的に変化するという利用形態からくるクラウド化への要求などは，システムアーキテクチャとは無関係である．逆に言えば，クラウドに移行したあとでも，SOAでシステムを再構築することは可能である．

同様に，クラウドでは，サービスレベルが問題だということが，SLA (Service Level Agreement) との関連で問題視されたこともあった．既存のデータセンターが企業システムをホストするときには，SLAで厳しくサービス品質を担保するのだが，特に，パブリッククラウドのように，クレジットカードで短期間決済するような場合，そこまでのサービス品質をとり交わすような手間をかけておられないことから，サービス品質をクラウドで確保するには，限られた利用者にしかサービスできないプライベートクラウド構築しか選択肢がないとも言われたものである．

これもまた，あとに見る，ファーストサーバの事故 [FirstServer12] などで明らかになってきたのは，いくら立派なSLAをとり交わしていても，サービス提供者に過失があれば，そのサービスレベルは簡単に合意水準を下回ることができるということである．考えてみれば当然のことで，飛行機にしても鉄道にしても，事故を起こしてしまうことがあるということにすぎない．

むしろ，常日頃から，多くの顧客の多くの要求を処理しているクラウド事業者のほうが安心感があるとさえ言えてしまう．これに関しては，特にパブリッククラウド事業者に関して，当初から問題とされていた一つの疑問をとりあげておきたい．

それは，パブリッククラウドの推進事業者は，本業をもちながら，本業を支えるクラウドデータセンターを使ってクラウド事業を開始したが，これはクラウド事業を行う上で本質的なことだったかというものである．

第3章 これまでのまとめ

　現時点で，このような質問をクラウド事業者にしたら，どこも，そんなことはない，クラウド専業でも十分やっていけるようになっていると答えるに違いない．しかし，アマゾンの場合は本の購買，グーグルの場合は検索と広告，マイクロソフトの場合は自社のウェブシステムと，それぞれ，巨大なデータセンターを自社の事業のためにもっており，その上で，自社のデータセンターをより有効活用するという働きをもたせつつクラウドサービスを運営することができたのもまた事実である．

　そのあと，日本国内にもIIJやさくらインターネットなど，クラウドデータセンターを構えるクラウド事業者が営業を始めたので，本業として十分大きなデータセンターを設けていることが，クラウド事業の必要条件でないことだけははっきりした．

　それでも，いまだ事業としての成り行きがはっきりしないときに，自社内だけで需要をまかなえるようなクラウドデータセンターを抱え，その中で，すでに運用上のノウハウを確立していれば，そこで，一般向けのサービスを開始することは，何もないところから始めるよりは，はるかに有利であったろうということは考えられる．

　クラウドは，利便性と価格という両面から普及が進んでいるわけだが，普及とともに新たな応用場面ができていることが興味深い．そのような応用場面として，農林漁業のような第1次産業に関するものと，クラウドプリンティングという新たなサービスに関するものとを見てみよう．

●農林漁業クラウド

　クラウド利用が一番進んでいるのは，アマゾンや楽天のようなコマース部門であるというのが一般的な理解だが，農業，林業，漁業のような伝統的な産業分野でもクラウド利用が進んでいる．

　もっとも，この「クラウド」という言葉が何を指すか，国内での活動としてよく知られている富士通の農業クラウド，Akisaiのサイトにいっても，「生産現場でのICT活用」という言葉が使われていて［富士通13］，センサーを使った各種情報とこれまでの栽培データから最適な栽培環境を生み出すために，クラウドも含めた情報資源を最大限に活用するという程度のことしかわからない．

　このようなセンサー利用は，これもあとで述べる，モノのインターネットの典型例で，林業の場合であれば，植林地の現況管理や，木材の管理，漁業

であるならば漁場の状況や，魚自体につけたセンサーによる情報収集など，様々な情報が得られるようになっている．

しかも，GPSなどと組み合わせることによって，現地に人がいなくても監視だけでなく管理までが可能になっている．情報処理の設備を用意しておかなくても，また，農作業や漁業においても必要なときに必要な情報をとればよいという点でも，クラウドだから活用できるという側面がある．

● クラウドプリンティング

これは，従来は自宅のプリンタを使って行っていたような印刷処理を，コンビニに設置した複合機と一般に称される高機能コピー機で行うサービスである．InternetWatchの記事によると，印刷すべきデータをクラウド上に一時保存しておいて，コンビニに行って，プリンタを操作して自分のデータを指定すれば，適当な用紙に印刷できるというものである [InternetWatch13]．実は，このような複合機の使い方は，企業など，すでにこの種のコピー，プリント，ファックス複合機を使っている人たちには馴染みの深いものとなっている．

かつては，印刷データにしろ，コピーデータにしろ，アナログで一時的にドラムに保管されているものだった．今では，これらのデータはデジタルに保存されているので，その保存場所をネットワーク上，すなわち，クラウド上にした途端に，このようなサービスが可能になるわけである．しかも，印刷データを保存しているものが，家庭用のコンピュータにとどまらず，スマートフォンやタブレットのようなクラウドデバイスでも可能となっていることがもう一つの利点としてあげられている．

ここに見たように，クラウドの推進力は，素材とも言えるコンピュータ部品の低価格化と高機能化，さらに，ネットワークの高速化と普及という供給側面だけでなく，従来なかった新たなサービスという需要側面でも普及が進もうとしている．

このように見てくると，情報通信サービスがクラウド化するのは，必然だったように思えるが，2006年にクラウドが出現したときに，ここまで普及するとは，多くの人が信じていなかった．それは，単に新しいものに対する世間一般の反応と考えてもいいのだが，我々に何事かを告げているのも事実である．次の章からは，クラウドのアーキテクチャと技術を見ていこう．

第4章 クラウドのアーキテクチャ

本章では，クラウドのアーキテクチャを扱う．技術上の詳細については第5章で扱うので，ここでは，クラウドの全体的な構成として，モデルと俗に称されるものを紹介する．さらに，クラウドのアーキテクチャをより広い観点で見直し，社会的背景を含めたエコシステムを考える．これは，これまでの章で歴史的な観点から捉えていたクラウドの全体像をアーキテクチャというクラウドの構成要素から把握できるようにする．

4.1 クラウドアーキテクチャ

アーキテクチャ（architecture）という言葉はもともと建築から来ていて，広くは建築学一般，さらに建築構造のことを指していた．これが，コンピュータシステムにとりいれられて，コンピュータシステムの構造一般を指したり，ごく狭い意味ではコンピュータのCPUの命令体系を指すように使われたりした．

クラウドアーキテクチャという言葉もその意味では，広く，クラウドシステムの構成一般を指すように使われている．ただし，ここでのクラウドシステムには曖昧さがあって，クラウドサービスを提供する事業者の立場で，クラウドデータセンターの構成を含めて，サービスシステムをどのように構築するかという図4.1のようなものと，クラウドサービスを利用するユーザの立場で，クラウドサービスを使ったコンピュータシステムをどう構築するかという図4.2のようなものと，二通りのアーキテクチャが考えられる．

世上に流布しているクラウドアーキテクチャの解説や本などでは，この区別を曖昧にしたままで，漫然とアーキテクチャという言葉を使っていたりするので，無用の混乱を招いていることがある．

4.1 クラウドアーキテクチャ

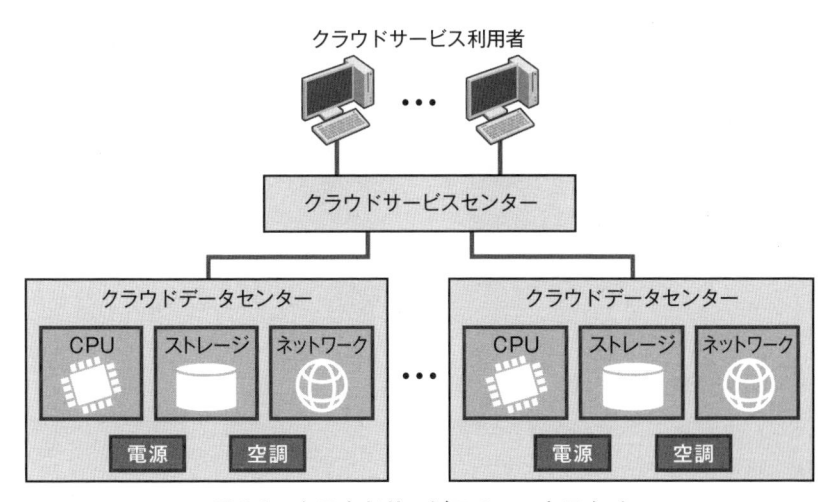

図4.1　クラウドサービスのアーキテクチャ

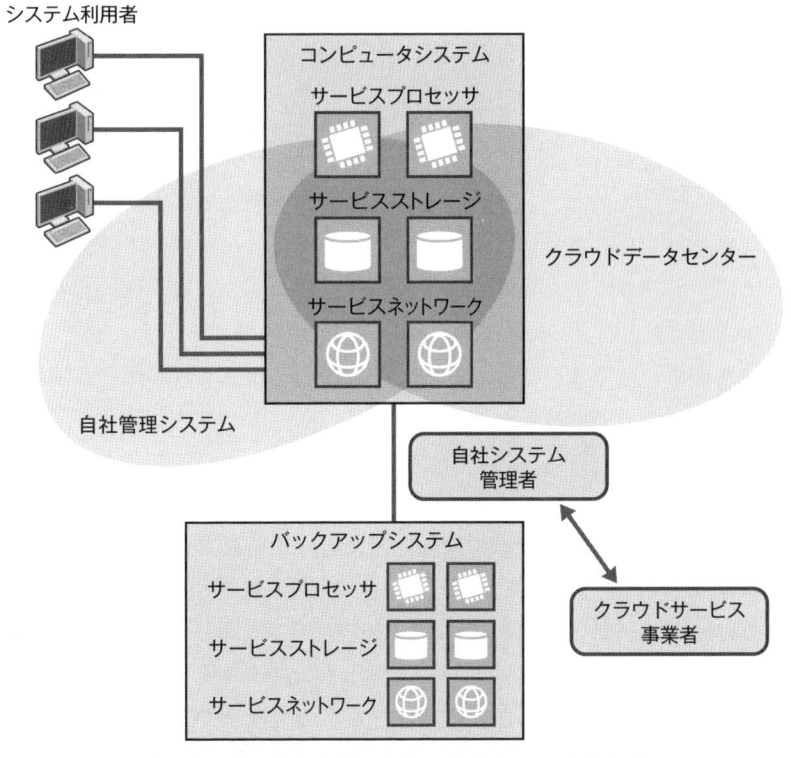

図4.2　クラウドを使ったシステムのアーキテクチャ

第4章 クラウドのアーキテクチャ

本章では，クラウドサービスを提供するシステムとしてのクラウドアーキテクチャについて説明する．クラウドを使ったシステムに関して言えば，実は，クラウドを使うかどうかは，構成部品として考える限りそれほどの差はない．実際に，多くの場合，図4.2に示すように，クラウドを使う部品と，使わない部品を組み合わせることになるはずだ．この構成には，SOAのように，サービス指向でまとめるのが好都合だと言われているが，本質的にそうしなければならないというほどでもない．むしろ，最近では，業務全体をクラウドサービスとして提供する業者が出てきているので，そのようなサービスの評価をどうするかのほうが大事になったりする．

クラウドサービス提供のアーキテクチャを考えるために，クラウドモデルを次に検討する．

4.2 クラウドのモデル

● モデルとアーキテクチャ

いい機会なので，IT関連用語としてのモデルとアーキテクチャとの違いについて，若干触れておきたい．物事の説明，特に，情報システムに関係する物事については，部品として目に見える形でバラせるものと，目に見えないソフトウェアとして構成されているものとがあってわかりにくいので，説明のために，モデルやアーキテクチャという言葉が使われる．単に説明図というよりは，何をどのように説明しているかの意図を多少とも含ませている．

アーキテクチャについては，前節で少し説明したように，元々が建築に関する言葉だった．モデルという言葉の方は，もっと一般的な言葉で，少し古めの訳語なら，「模型」という言葉が使われていた．モデルのほうが，アーキテクチャよりも具体的に決まっているという感じがある．ある種の完結性があって，理想的に言えば，模型同様，手にとってそれなりに操作できる．数学におけるモデルはまさにそのようなもので，対象物を抽象化することによって，その性質の一部を扱えるようにしている．

クラウドは，たびたび述べているようにインフラストラクチャなので，全体像は複雑だし，観点によって，関係するものも様々で，簡単には把握しにくい．アーキテクチャとして，構成をスケッチすることもできるが，それは

スケッチなので，全体をまんべんなく捉えられるわけでもなければ，その構成の各々を細かく議論するのも容易ではない．

モデルとして提示する場合は，たとえ，動かすことができなくても，詳細要素についての議論が，例えば，このような要素が省略されているとか，この要素のこの位置付けはおかしいというようなことも含めて，進めていくことができる．もっとも，このような説明としてのモデルの場合には，その妥当性を機械的に検証できないので，あくまでも議論としての評価になるのだが，それでも，単なる説明より一歩進んだものとなる．

4.2.1 NIST（米国標準技術研究所）クラウドモデル

クラウドのモデルとして一般に広く流布しているのが米国標準技術研究所（NIST）の作成したモデルである．その概念参照モデルを図4.3に示す[NIST RA]．

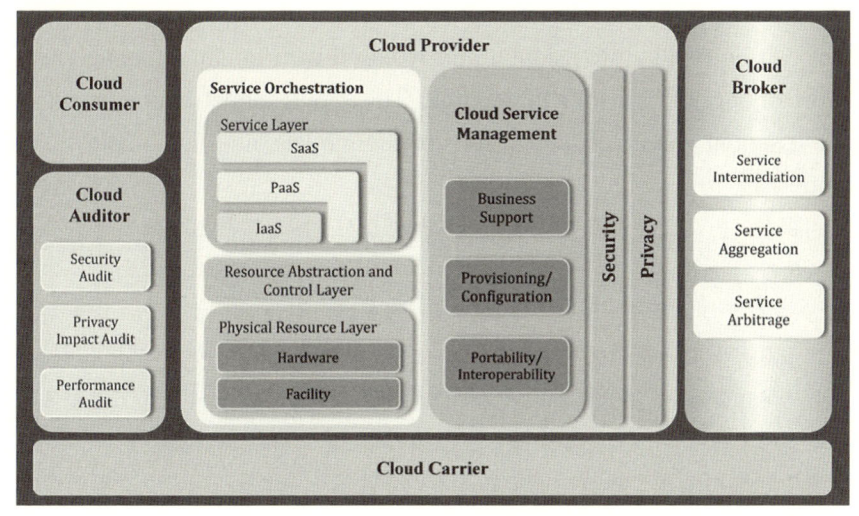

図4.3　NISTのクラウド概念参照モデル

この図は，4.3節で示すクラウドのエコシステムのような社会も含めた全体背景を示すものではない．しかし，図4.1のクラウドサービスアーキテクチャに比べれば，随分細かいものになっていると同時に，各要素の言葉を隠してしまうと，一体何を表しているのかピンと来ないだろうと思う．

第4章 クラウドのアーキテクチャ

　クラウドとは何かについて，現在でも，当然のことだが，色々な見方がある中で，2011年に米国標準技術研究所 (NIST, National Institute of Standards and Technology) が発表した，クラウドの定義についての冊子 [NIST Def] とともに発行されたクラウド参照アーキテクチャ [NIST RA] についての冊子に掲載されていたのがこのクラウド概念参照モデル (The Conceptual Reference Model) という図なのである．

　ちなみに，残念なことにこのクラウド参照アーキテクチャの冊子には，図4.1や図4.2のようなクラウド全体をひとまとめにしたアーキテクチャ図は出てこない．この概念参照モデルがそれに代わるものとして，よく参照されるので，本章でもこれをベースにして説明しようとしている．

　ついでに言えば，クラウドの定義は次のようになっている．

　「Cloud computing is a model for enabling ubiquitous, convenient, on-demand network access to a shared pool of configurable computing resources (e.g., networks, servers, storage, applications, and services) that can be rapidly provisioned and released with minimal management effort or service provider interaction. This cloud model is composed of five essential characteristics, three service models, and four deployment models.」

　翻訳も，色々なところで載っていると思うが，試しに訳してみると次のようになる．

　「クラウドコンピューティングは，ユビキタス，利便性，オンデマンドネットワークアクセスを備えて，(例えば，ネットワーク，サーバ，ストレージ，アプリケーション，サービスなどの) 構成可能な計算資源プールにアクセスするモデルである．これは，最小限の管理努力やサービス提供者とのやりとりで，迅速に配備可能かつ解放可能であるという特長をもつ．このクラウドモデルは，五つの本質的特色，三つのサービスモデル，四つの配布モデルをもつ．」

> **クラウドの定義 ❸**
> クラウドコンピューティングは，ユビキタス，利便性，オンデマンドネットワークアクセスを備えて，構成可能な計算資源プールにアクセスするモデル

これは，クラウドを利用しようとする人，クラウドを提供しようとする人にとって，どのようなものが必要かをとり揃えるための説明ともなっている．NISTの役割の一つが米国政府機関に対する標準整備ということなので，このモデルは米国政府機関がクラウドを利用する場面を念頭に置いて作られたものであるという背景を知ると理解しやすい．すなわち，米国政府機関にクラウドサービスを提供する業者は，このモデルに従った機能を提供することが前提となるということである．

NISTが，このモデルの前提となる「クラウドとは何か」という定義において述べられていた五つの基本的特長とは，次のようなものである．

- オンデマンドセルフサービス （OnDemand self-service）
- 幅広いネットワークアクセス
- リソースの共用
- スピーディな拡張性
- サービスが計測可能であること

これらの特長は，クラウドの利用者が，どのような視点で，これまでの情報処理サービスではなく，クラウドによる情報処理サービスを選ぶかという説明になっている．

「リソースの共用」という特徴は，興味深い．一般にこのリソース共用という特長は，クラウド利用者，特に，料金の安いパブリッククラウドの利用者が，結果的に押し付けられる特徴であり，クラウドを実現するクラウドセンターがほかの利用者とまとめて自分の処理を扱うものだから，本当は，別個に計算資源を割り当てて処理してもらったほうがいいのだけれど，共用しなければならないので，セキュリティや個人情報漏洩などのリスク，データ管理の責任やリスクがあるのですよと説明される．

そうだとすると，プライベートクラウドのように，そもそも他者が入る心配のないところでは，この特徴（リスク）はなくなるということになるが，そうなのだろうか．

「リソースの共用」は，リスクであるだけでなく利点でもあるはずなので，クラウドを単にコスト削減のツールとして考えていたのではわからないだろうが，システム構築の際に考えるべきポイントなのである．特に，コミュニ

ティクラウドと呼ばれているような，仲間というか複数のユーザが集まってクラウド運営をする場合には，このリソース共有が，データ共有ということで，最近話題のビッグデータにつながってくる．将来のことを考えるならば，クラウドの長所として，積極的にリソース共用を考えるべきである．

利便性に直結する特長は，オンデマンドセルフサービスによる計算資源の利用であったり，携帯電話，スマートフォン，タブレットなど多様な機器に，様々な接続方式が利用できること，スピーディな拡張性による，欲しいときに欲しいだけ計算資源を利用できる環境などは，一般的には，クラウドによって初めてもたらされたものである．クラウドを使う理由として，よく挙げられるポイントだ．

「サービスが計測可能であること」は，利用者にはあまり関係ないことに見えるし，クラウドで画期的なことのようには思えないかもしれない．しかし，クラウドが提供する分単位の利用課金を実現し，すぐに計算資源を利用できるようにするためには，このような計測システムが必要であり，それはまた，クラウド環境でシステムがきちんと動いているかどうかを利用者が確認するためにも必要となる．

この項目は，英語では，measured service になっていて，資源利用に対する metered capability が核となっている．これまでの計算機システムの利用について言えば，このように詳細に利用料に応じた料金体制をとってこなかったということであり，クラウドが突きつけているのが，情報処理システムの価格をこのようなサービス主体で再度見直していくということにほかならない．

4.2.2 サービスモデル

このサービスモデルは，図4.3のNISTのモデルの中央，Cloud Providerの箱の中の左手に，Service Orchestration という表題で図示されている．

図では利用者が明示されていないが，一般に利用者に近いところから次のような3層のサービスとして定義されている．

- SaaS (Software as a Service)
- PaaS (Platform as a Service)
- IaaS (Infrastructure as a Service)

4.2 クラウドのモデル

これらのほかに，XaaS = X as a Service という言葉も用いられていて，クラウド上で頻繁に用いられる言い回しになっている．意味するところは，Xという機能を，クラウドにつながった端末から利用可能なサービスとして提供することであり，それを，XaaSという形で呼ぶ．例えば，Privacy as a Serviceなどというものが最近紹介されていた [PaaS09] ことがあったが，これも上の略称方式に従えば，"PaaS"となる．あるいは，BPaaS – Business Process as a service と呼ばれるものがある．このBPaaSは，ある組織のビジネスプロセス，基本的な組織活動の規定をシステム化したものが，クラウド上で構築，編集，利用することができる．これによって，小企業であっても，国際的な業務展開が，クラウドを利用することで可能となる．

Privacy as a serviceの場合には，面倒な個人情報保護を含めたプライバシー関連の処理をクラウド上で行うことができる．これによって，法律改正時の対応の問題や，新たな脅威に対して迅速に対応することがシステム的に可能となり，従来ではプライバシー担当者であったり，個別のユーザが対応しなければいけなかった面倒な処理が，一括で処理できるようになる．

次に，これらのサービスモデルを順に見ていこう．

● SaaS

SaaSは，ソフトウェアを，自分のコンピュータにインストールする代わりに，クラウドを通してサービスとして利用するもので，クラウドが本格化する前に広まっていた，ASP（Application Service Provider）事業者が，ソフトウェア・アプリケーションをネットワーク経由で使えるように提供するというものと同じ発想である．

厳密に言えば，SaaSという単語が用いられたのは，1999年のSalesforce.com社だということで，クラウド以前に遡る．1.2節「クラウドの始まり2006年」でも述べたように，Amazonの最初のサービスは，このSaaSではなくて，あとで述べるIaaSもしくは，最近あまり使われないが，HaaS（Hardware as a Service）というものだった．SaaSという呼び名は，クラウド以前に広く使われるようになり，クラウドの登場とともに，クラウドサービスの一部として位置付け直されたというのが正しいところだろう．

NISTの定義では，SaaSにおいては，ユーザが提供されるソフトウェアが

稼働するインフラストラクチャを一切気にかけないということが述べられているが、これは、従来のASPによるソフトウェア提供でもそうであった。例えば、SaaSの代表例としてあげられる、Google社の提供するGmailと、Microsoft社やYahoo!社が、クラウド以前から提供してきた、hotmailやYahoo mailとは、このインフラストラクチャを気にかけないという点では変わりがない。このような無料メールは、設定はすべてお任せで、メールを見る機能だけが提供されるというのが特徴だった。

　Google社のGmailは、従来の無料メールサービスとの違いを、4GBという破格の容量を提供することによって印象付けた。実際、この容量は、従来から存在した有料のメールシステムが提供するもの（通常256MB程度）よりはるかに大きいという点で話題になっていた。しかし、クラウドサービスのSaaSとしてのGmailの特色は、有料の従来からあったメールシステムを利用するのと同じPOPサーバやSMTPサーバの設定が可能になるという点にある。基盤となるインフラストラクチャがどうなっているかを一切気にかけることなく、あたかも、自分のシステムにメールシステムがインストールされているかのように、ソフトウェアを使いこなせるのがSaaSの特徴となる。

　この観点からすると、SaaSの開発や販売は、意外と難しいかもしれない。単にウェブ経由で利用できますというだけでなく、箱で購入して自分のマシンにインストールしたのと同じような、あるいはもっと便利な使い勝手を提供しなければいけないからだ。

　また、クラウドの基本特徴であるオンデマンドセルフサービスや、スピーディな拡張性がどのように提供されているかも、SaaSの評価としては重要である。例えば、代表的なSaaSとしてとりあげられることの多いSalesforce.comについても、課金体系が、クラウドのPaaSやIaaSで一般的となっている分単位の課金ではなく、1ヶ月単位の契約課金になっていることから、本来の意味でのSaaSではなく、ASPに留まっているという批判[1]もあることは、留意しておいてよい。

● PaaS

　PaaSでは、アプリケーションを、サービスとして提供されるプラットフォー

※1 Oracle社のEllison会長の批判をOracle Worldで聞いたと言う話がある。

ム上にユーザが実装する．プラットフォームは，次のIaaSで提供されるインフラストラクチャの上に，ミドルウェアのようなソフトウェア基盤を載せたもので，アプリケーションを選んで，必要な設定さえすれば，すぐ動かせるというものである．「家にもって帰ったらすぐ使えるPC」というのに近い概念である．

Google App Engine, Windows Azure, Force.com PlatformなどがPaaSの例としてとりあげられている．

● IaaS

IaaSは，計算のための基礎的なインフラストラクチャをサービスとして提供する．計算のための仮想環境を提供すると言ってもいいだろう．オペレーティングシステムの設定までできるので，従来のイメージでは，裸の計算機を買ってきて自分で環境を設定するものに近く，計算設備を自前で構築する手間がかかる代わりに自由度が高い．

IaaSは，クラウドの普及にともなって初めて出現したサービスで，システム開発作業を変革し，激変するビジネス環境に迅速に対応できるようにしたもので，クラウドサービスの核となるサービスといってよい．当初は，HaaS (Hardware as a Service) と呼ばれていた (例えば [Carr08]) が，ハードウェアの仮想化だけでなく，基本的なネットワーク機能であるとか，ストレージのサービスなども含まれているので，IaaSという呼び名にとって代わられている．

IaaSが普及する以前に，同様のことを行おうとすると，自前で計算設備を購入するか，レンタルサーバを借りるしかなかった．レンタルサーバとクラウドとは，自分で買い取るのではなくてサーバやシステムを借りるということでは同じで差はないが，ただ，期間設定がかつてのレンタルサーバなら，最低でも2,3ヶ月しただろうから，その違いだけではないかという感じをもつ人も多いだろう．

例えがいいか悪いかわからないが，この差異は，宅配便が出現以前に荷物を運送会社に依頼するのと，現在の宅配便を利用するのと同じぐらいの大きな差異であった．つまり，手続きであるとか，前提としての交渉であるとか，宅配便以前では，「ちょっとお願い」という感じで荷物を運ぶという業務がそもそも存在しなかった．同様に，クラウド以前には，ちょっと1時間という感じでコン

ピュータ資源を使わせるというサービス業務そのものが存在していなかった．
　現在では，運送会社が宅配便というものを理解しているから，「ちょっとお願い」というようなリクエストがあれば検討することができる．同様に，クラウドの普及とともに，レンタルサーバの価格や使い勝手が良くなってきているので，IaaSとの差は，課金の単位がIaaSなら分単位なのが，レンタルサーバなら月単位というぐらいになってきてはいる．
　ちなみに，いわゆるサーバの価格も安くなっているので，ある程度の期間使用するのが前提なら，IaaSでよりもサーバを購入したほうが安くつくということも生じる．これは，自家用車を購入するのと，レンタカーを利用するのとどちらが安価かという場合に近い．
　IaaSの例としては，Amazon EC2，Amazon CloudFormation，Google Compute Engine，Windows Azure IaaSなどがある．

　本節では，最初にXaaSについて簡単に触れた．今後の動向としては，図4.3には書かれていないが，このXaaSが実際には伸びるのではないかという観測もある．それは，クラウドベースのシステムの需要が，まだまだあるのではないかという推測に基づいている．

4.2.3 利用モデル（Deployment Model）

　図4.3には，書かれていないのだが，クラウドの利用・提供形態に，パブリック（Public），プライベート（Private），ハイブリッド（Hybrid）の3形態がある．英語では，この利用に相当する言葉として，deployment（直訳すれば，配布）という言葉を使っている．
　これは，機能の差というよりは，利用・提供環境の差が主であり，それにともなって機能面でも若干の差が出ているというのが実態である．

● パブリッククラウド

　パブリッククラウドというのは，公衆浴場の感覚で，誰もが共有するクラウドサービスである．Amazon EC2が典型的な例で，クレジットカード課金で，インターネットに接続していれば誰もが使える．その代わりに，プライバシーの保護など，セキュリティ面での特別扱いはされないし，データの保護についても，一般的な契約以上の保証はされない．

● プライベートクラウド

　プライベートクラウドは，部外者が入れないクラウドサービスで，家庭内の風呂のイメージである．従来の，社内計算設備や，専用データセンターと違うのは，必要なときに必要な計算サービスをクラウド形態で利用できるというところ．

　パブリッククラウドと比較したとき，独自のセキュリティが設定できるとか，データが利用者の目の届くところにあり，外国政府による査察などの不測の事態に陥ることがないという利点がある．一方で，従来の社内データセンターなどとの違いは，クラウド化（往々にして，仮想化して提供するという意味）によって，従来はサービスすることが難しかった社内の人達が使えるとか，課金を利用状況に応じてきめ細かく行えるので，全体としての経費節減が可能とか，計算設備の稼働を平準化できるなどの利点がある．

　一方で，利用価格は，プライベートクラウドの方がパブリッククラウドより高価であったり，パブリッククラウドにおけるような広範囲のメニューを提供することが難しいという問題もプライベートクラウドは抱える．そこで，パブリッククラウドとプライベートクラウドとを適宜組み合わせることで，利用者の便宜を図ろうという，ハイブリッドクラウドという提供形態も始まっている．

● ハイブリッドクラウド

　ハイブリッドクラウドは，プライベートクラウドとパブリッククラウドを組み合わせて利用するモデルである．プライベートクラウドといえども，突然の情報処理要求の増大には対応できないことが多い．業務によっては，セキュリティやデータ保全に対する要求がそう厳しくない場合も多い．そこで，必要に応じてパブリッククラウドを使えるような，ハイブリッドクラウドコントローラを介して，パブリッククラウドサービスを利用できるようにするものである．

　プライベートクラウドの主唱者であるAmazonが，CIAの業務を受注して，CIAのセンターの運営業務を請け負うというニュース[Wired13]は，このプライベートクラウドとパブリッククラウドとの境目がはっきりしなくなる可能性も示している．興味深い点は，CIAがデータセンター運営に，これまで

パブリッククラウドしか経験のないAmazonを選んだという点である．CIAが言うように技術的に，IBMのようなプライベートクラウド運営者より優れているということならば，ちょうど，社内運送部門に宅配便の業者を入れて管理させるのと同じようなことが起こる．

　クラウド運営の業務水準を高めるには，プライベートクラウドを効率よく運営する技術が欠かせないということになれば，これまでパブリッククラウドの運営に消極的だったIBMなどもパブリッククラウドに参入するということだし，CIAにならって，AmazonやGoogle，Microsoftというようなパブリッククラウド事業者に，プライベートクラウドの運営を任せる顧客が増えてくるかもしれない．

　これらの図4.3に書かれた利用モデル以外にも様々な利用形態がある．本書のあとの部分でも必要となるので，その中でバーチャルプライベートクラウドとコミュニティクラウドとについて説明しておこう．

●バーチャルプライベートクラウド

　パブリッククラウドとプライベートクラウドの中間的な位置付けという意味では，ハイブリッドクラウド以外にもう一つの利用形態がある．これが，バーチャルプライベートクラウド（Virtual Private Cloud）と呼ばれるものである．これは，通信網におけるバーチャルプライベートネットワーク（Virtual Private Network, VPN）に対応した発想に基づく．つまり，パブリッククラウドの上に，仮想的にプライベートなクラウド環境を構築して，あたかもプライベートクラウドであるかのようなサービスを，実際にプライベートクラウドを構築する手間を省き，料金的にも割安な価格で提供する．

　VPNは，公衆回線を利用しながら専用線と同じような利用品質を提供するものである．バーチャルプライベートクラウドも，通信にはこのVPNなどを用いて，パブリッククラウドの枠組みの中で，プライベートクラウドと同様のサービスを提供しようとするものである．

●コミュニティクラウド

　クラウドの利用モデルとして，パブリックかプライベートかという二つの方向性だけを論じていいのかという意味で，最近注目を浴びているのが，コミュニティクラウド（Community Cloud）という利用モデルである．

これは，プライベートクラウドのように一組織が専有して使うのではないが，パブリッククラウドのようにまったく不特定多数のユーザが使うのでもない，あるコミュニティに属する限られたメンバーが利用するというモデルで，昔のデータセンターで言えば，共同利用センターのイメージに近い．
　ハイブリッドクラウドは，パブリッククラウドとプライベートクラウドの両方の利点を兼ね備えているという言い方をしたが，コミュニティクラウドは，むしろ，パブリックでもプライベートでもないという言い方をするべきだろう．
　コミュニティクラウドをその形態から，規模の大きいプライベートクラウドと見るのは確かに可能だが，それは本質を見誤っている．日本政府が推進している，通称，霞が関クラウド[霞ヶ関13]においても，議論になったのは，どこまでコミュニティクラウドとして捉えることができるのかという点であった．
　コミュニティクラウドでは，パブリッククラウドの問題点の一つでもあるマルチテナントというリスクを，むしろ積極的な情報共有の基盤として取り扱うことにより，利点に変える．
　コストダウンの手段として，データベースの共有や，処理機能の共有を推進するのではなく，情報共有によって，新たな価値が出ることを狙って積極的に共有する．霞ヶ関クラウドで話題になったのは，従来からの省益優先主義の体質で，入れものとして情報基盤をクラウド化しても，実際の情報共有は進まず，下手をすれば，また新たなシステム開発というお荷物を抱え込むだけではないかという点であった．
　この課題は，4.3節「クラウドのエコシステム」でもとりあげるが，クラウドコミュニティとも呼ばれるクラウドを支える様々な担い手の参加がクラウドの発展には欠かせない．同時に，クラウドは，従来のデータセンター利用などよりはるかにこのようなコミュニティ形成への仕掛けと動機付けがある．霞ヶ関クラウドの直接の実施計画である，「政府共通プラットフォーム整備計画」[CIO11]にはあまり明確に書かれていないが，元々の提案がなされた，「デジタル新時代に向けた新たな戦略〜三か年緊急プラン〜」[IT戦略本部09]には，クラウドのもたらすイノベーションが例示されている．
　そのようなイノベーションの契機となるのが，コミュニティクラウドのも

つ出会いと，共有の可能性であり，また，クラウドが備える好きなときにすぐ実行できるというアジリティ（迅速性）であり，それが財政的に重荷にならないというコスト構造なのである．

4.2.4 クラウド監査

　図4.3のクラウドモデルの優れているところは，図4.1のようなクラウドシステムの概観では，はっきりと出てくるのが難しい，クラウド監査（cloud auditor），クラウドサービス管理（cloud service management），クラウドブローカー（cloud broker）などが，要素として明示されていることである．

　利用者場面で，クラウドアーキテクチャを考えると，監査は，ほとんど触れられることがない．監査は，利用局面でそのまま登場することは，ほとんどないからだ．しかし，クラウドサービス事業の永続性を考えると，監査は必ず必要となる．これは，NISTのこのモデルが米国政府におけるクラウド利用を前提にしている場合も同様である．事業者の健全性，サービスの永続性を期待すれば，監査という業務でもって，そのような情報を確認する必要がある．

　したがって，対象とされているのが，セキュリティ，プライバシー，そして効率（performance）となる．セキュリティとプライバシーは，クラウドサービスにおけるリスクを評価する．効率は，事業としての基本線，会計用語でいうところのボトムラインを評価する．もちろん，このほかの評価項目が追加されることもあるだろう．

　これらを，クラウドサービスプロバイダとは独立に（もちろん，プロバイダの協力が必要だが）監査することによって，クラウド利用者が安心して使える環境が整備される．長い目で見れば，クラウド提供者にとっても望ましいことであろう．

　日本では，日本セキュリティ監査協会（JASA）が，2014年からクラウド情報セキュリティ監査制度を発足させたいとしている［JASA13］．残念ながら，効率やプライバシーなども含めたクラウドサービスそのものの監査は，日本ではいまだ普及していない．

4.2.5 クラウドサービス管理

クラウドサービス管理（cloud service management）は，クラウドサービスの全般に関わる．これは，ビジネスサポート，プロビジョニング・構成，可搬性・相互運用性の三つの観点でまとめられる．

ビジネスサポートでは，次の六つの管理機能がある．

- 顧客管理
- 契約管理
- 在庫管理
- 会計および請求処理
- 監査報告
- 値付けと格付け

プロビジョニング・構成には，次の五つの管理機能がある．

- 迅速なプロビジョニング
- リソース変更
- 監視と業務効率報告
- 計測
- SLA 管理

可搬性・相互運用性からは，次の三つの管理機能があげられる．

- データ可搬性
- サービス相互運用性
- システム可搬性

ビジネスサポートの項目を見るとわかるように，これは，クラウドサービスというビジネスをどう管理していくかについての項目である．プロビジョニング・構成も，クラウドサービスを用意して，利用者に提供し，その効率，SLAを含めて，顧客の満足度がどうなっているかというようなことを計測し管理していくという，クラウドサービスの基本的な事項の管理となっている．

可搬性・相互運用性については，このNIST文書 [NIST RA] ではっきりと，

米国政府はクラウドを活用したいと思うが，そのためには，可搬性，相互運用性，そしてセキュリティについての対策が打たれないといけないと，この項目が利用者側の要求に基づいていることが述べられている．

この点でも重要なことの一つは，モデルが単なる機能の羅列ではなくて，利用者と提供者とが必要な機能は何かを合意するための枠組みをも提供していることである．説明ということが，それによって実現したいことも含めた働きをもっていることである．クラウドは，インフラだから，単なる機能説明で済まなくて，関係者全体の合意と，そこからどのような方向に発展すべきかという方向性まで示すのだということなのだが，一方で，技術標準も含めて，技術文書が関係者にとっての合意形成に重要な役割を果たしていくという動きを確認しておくべきである．

また，この可搬性については，データだけでなくシステムを現在使っているクラウド事業者から，別のクラウド事業者に移行できるようにするシステム可搬性が論じられている．これには，独立性をもったマシンイメージの構築が必要となるが，このような技術基盤の整備も今後の課題となる．

4.2.6 クラウドブローカーとクラウドキャリヤ

図4.3に挙げられている項目の中で，いまだ説明していないのは，クラウドブローカーとクラウドキャリヤである．

クラウドブローカーは，複数のクラウド提供者を束ねて，サービスの仲介 (intermediation)，集約 (aggregation)，売買 (arbitrage) などを行う．ブローカーは，ある程度のクラウドプロバイダが出現しないと成り立たないが，クラウド利用者の利便性や，クラウドサービスの発展を考えると，必要な役割である．

クラウドブローカーは，クラウドのクラウド (cloud of clouds) という概念を支える可能性がある．つまり，クラウド利用といっても，一つのクラウド事業者に全面的に依存するベンダロックインを避けるために，常に複数のクラウド事業者を使えるような環境に設定することをクラウドブローカーが可能にするというシナリオである．

クラウドキャリヤは，クラウドを支える通信事業者であり，クラウドサービス提供者とクラウドサービス消費者との通信を結ぶもの，connectivityの

4.2 クラウドのモデル

提供者と定義されている．

　基本的にこの部分は，通信キャリヤの存在なしにはありえない．ただし，クラウドサービス提供者や，クラウドブローカーが，通信キャリヤから通信サービスを借り受けて提供するというシナリオも可能である．

　さらには，通信のインフラストラクチャそのものが整備されていないと，いくら立派なクラウドデータセンターがあってもクラウドを利用できない．これは，電力のようなインフラストラクチャについても言えることで，クラウドデータセンターは，電力の安定供給が可能なところ，あるいは，自家発電で電力がまかなえるようなところに立地することによって，このようなインフラストラクチャのリスクを管理しようとする．

　クラウドキャリヤについての，これまたまったく別の側面からの考察としては，緊急時の安全対策がある．3・11の東日本大震災において，携帯電話の基地局が外部電源の停止にともなって，次々と機能停止に追い込まれたことは記憶にまだ新しい．

　キャリヤの対策が及ばないような大事故で，どのようにして，connectivityを確保するのかという課題である．一つの解決策として，緊急時には，身近なクラウド端末を通信基地局として転用する可能性を含めて，通常の正規のキャリヤではなく，多数の非正規なキャリヤが相互に連携して，クラウドのconnectivityを確保するようなシナリオが考えられている．

4.2.7 米国政府の調達モデル

　NISTのクラウドモデルが，米国政府におけるクラウド利用を前提としたものであると述べたのだが，それでは，実際の米国政府におけるクラウド調達がどうなっているかを見ていこう．

　クラウドモデルのドラフト発行から3年後の2012年に，NISTは，「クラウドの説明と推薦事項 (Cloud Computing Synopsis and Recommendations)」という文書 [NISTsyn12] を発行した．これは，NISTのモデルにそって，クラウドのメリットとリスクとをまとめた文書であるが，この文書の背景には，米国政府のCIOカウンシルがまとめた，「連邦政府の効率的クラウド契約作成に向けて (Creating Effective Cloud Computing Contracts for the Federal Government ─ Best Practices for Acquiring IT as a Service)」

45

という2012年2月にまとめられた文書[USCIO12]がある．

この文書の要約は，「毎年米国政府はIT投資に800億ドル使っているが，その大半は古くて重複の多いITインフラの保守に費やされている．（中略）クラウドでITサービスを購入すれば，連邦政府は，政策の実施や資源利用の効率を高めて，イノベーションを推進できる」という，ほかでもよく引用される文章で始まっている．ついでに言えば，これらの俗にCloud Firstと呼ばれるクラウド推進政策は，2010年12月に当時の米国政府CIOだったV. Kunderaによる「25 Point Implementation Plan to Reform Federal Information Technology」[Kundera10] および，そのあとの2011年2月に出された，「FEDERAL CLOUD COMPUTING STRATEGY」[Kundera11]で明示されたものである．

後者では，クラウドを使えば800億ドルの出費が200億ドルにまで減らせるという図が掲載されていて，政府のIT経費削減のためにクラウドを推進するという理由が明確に示されている．ただし，メリットは経費削減だけではないことを，効率向上，サービス向上のための迅速性改善，サービス改善のためのイノベーション向上といった項目を詳細に述べることで伝えようとしている．

これに対応して，連邦政府一般調達局(General Service Administration：GSA)が，パブリッククラウドサービス調達専用ポータルサイト「Apps.gov」を2009年9月開設した．どこの国でもそうだろうが，政府調達には一定の書式，契約上の要件などがあり，ITサービスにクラウドが主流でないことから，新たな調達に際しては様々な事務作業が必要となることが予想される．このapps.govというサイトでは，GSAと事前に契約を結んだ企業のクラウドサービスをまとめて管理することにより，調達作業を容易にすることを狙った．当初は，SaaS型のサービスが主であったが，2010年には，IaaS型のサービスも追加され，11社のプロバイダが登録されていたという．

残念ながら，このApps.govは，サービスの利用件数が当初の予想より伸びなかったことを主な理由として，2012年12月に閉鎖され，現在は，apps.govと入力すると，自動的にhttp://info.apps.gov/という説明サイトに飛ぶようになっている．

売上が伸びず閉鎖に追い込まれた理由については，サイト訪問者の多くが

実際にサービスを購入するためではなく，クラウドサービスを委託する際の提案依頼書作成における価格や仕様の参考にするためにサイトを訪れていたからという見方もあれば，政治的な理由から立ち上げたので，そもそも無理があったとする見方もある［FCW12］．

　いずれにしろ，米国政府のクラウド推進の方向は揺るがず，2012年からは，米国防総省，米国土安全保障省，米国立標準技術研究所，米国行政管理予算局，連邦CIO協議会の5機関とGSAとが共同で，FedRAMP（Federal Risk Authorization Management Program, http://www.gsa.gov/portal/category/102371?utm_source=OCSIT&utm_medium=print-radio&utm_term=fedramp&utm_campaign=shortcuts）というサイトを立ち上げている．

　このサイトでは，政府機関の利用するクラウドサービス・製品に対する評価・認定プロセスを標準化して，クラウド導入プロセスの簡易化を実現している．具体的には，従来は，Apps.govにおいても，クラウドサービスを提供するベンダーは，たとえ同じサービスであっても，各政府機関ごとにセキュリティ認証をとる必要があった．FedRAMPを利用すると一回の登録で済み，サービス提供の手間が大幅に削減された．

　クラウドファーストの試みは，米国だけでなく，英国やオーストラリアなどにも広がっている．先行する米国でも，しかし，政府機関におけるクラウド利用はいまだ十分でないという．その理由としては次のようなことが上げられている．

- セキュリティの懸念
- 最適なサービス選定の困難さ
- ベンダロックインの懸念
- 相互運用性の低さ
- クラウド運用の専門家不足

　セキュリティや最適サービス，さらにクラウド運用の専門家については，経験が積み重なることによってかなり解消できると筆者は考えるが，ベンダロックインと相互運用性の低さは，これからの，特に，標準化と関連した課題であるように思える．

4.3 クラウドのエコシステム

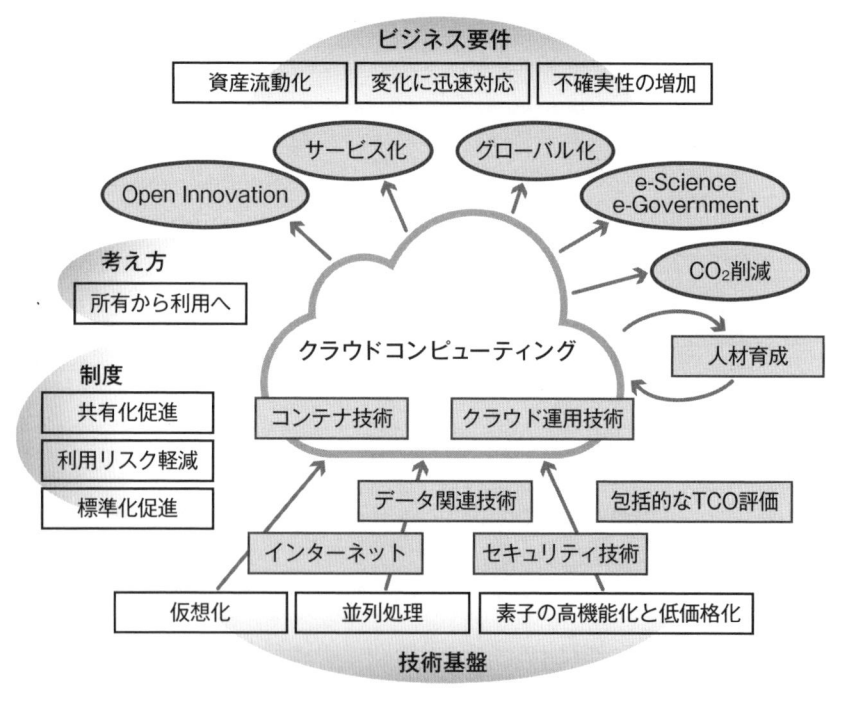

図4.4 クラウドのエコシステム

クラウドをとりまく環境を広く考慮してみよう．これは，クラウドのもつ広範な影響力を検討する上で重要なものである．同時に，クラウドがなぜ，これだけ話題になっているのかという理由のいくつかも明らかになる．

このような全体としてのエコシステム[※2]は，広い意味のアーキテクチャ，グランドデザインを形作る．計算機システムが，計算や自動化の道具であった時代には，このような全体を考慮することは，計算機システムを導入する組織の問題だったが，インフラとして広範囲に使われるクラウドの場合には，大きなアーキテクチャの考察が，今後の方向を考える戦略上，重要なポイントになる．

※2 Eco system：地球温暖化の問題もあり，エコシステムといえば省資源，省エネルギーのシステムの意味で使われることが多いが，ここでは，システム効果＝クラウドをとりまく全体環境を指すのに使っている．

日本の企業や組織がクラウドを導入する，現時点の最大の理由は，いまだにコスト削減である．しかし，このエコシステムでは，「コスト削減」をビジネス要件に上げていない．4.2.7項で見た米国政府の調達モデルでも，コスト削減がクラウド導入の理由の最右翼であることは，世界共通の事実である．ただ，エコシステムを考えるときに，ただ安価であるという理由だけでは永続しにくい．そのために省いてある．

　クラウドの背景を再度復習すれば，まず第一に，ビジネスの世界において不確実性が増大し，環境が激変しているという事実がある．3・11のような1000年に一度という事態が起こることも含めて，そのような不測の事態に迅速に対応できるように，組織自体を変化対応型に変えていかねばならない．そのために，人材を含めた手持ち資産の流動化が進められ，顧客に対する価値提供をモノだけの提供からモノを含めた包括的なサービスへと置きかえていくという，ビジネスそのもののサービス化の流れが加速されている．そのような変化に対応して持続していくことが可能なようにビジネスを支える情報資産は流動化する．クラウドが提供するのは，業務遂行の神経とも言うべき情報システムを，外界の変化に即対応できるアジリティ（迅速性）を備えたものに変えていく情報基盤である．

　第二に，グローバル化への対応という要求がある．クラウドが備えるスケーラビリティは，数十億人を超える全世界の利用者を対象にできるという点で期待を集めている．第三に，CO_2削減などの環境保全およびエネルギー消費節減への要求がある．第四に，e-Science，電子政府，スマートメータの導入など，新たで多様な情報処理の要求への対応がある．

　これをまとめれば，「所有から利用へ」という視点の移動，グローバル化を含めたビジネス環境の「変化に迅速対応」すること，そして，ビジネスや社会，自然環境そのものの「不確実性の増加」といった背景が，「コスト削減」を要求しているのである．したがって，コスト削減そのものは，クラウド利用の究極の目的ではありえないということが理解できる．むしろ，コスト削減は，このような変化に対応する手段だとみなすほうがいいのではないだろうか．

　同時に，クラウド技術が発展する方向が，コスト削減よりは共有化と変化対応とにあることを理解することが重要である．クラウドプロバイダが，近年，IaaSに力を入れているのも，このような背景を踏まえて理解することができる．

第4章 クラウドのアーキテクチャ

4.2.1項の NIST クラウドモデルに即して言えば，次のようなクラウドエコシステムの形成モデルが提案されている［ITmedia12］．

1) **クラウド利用者（Cloud Consumer）がクラウドサービスを利用開始**

    クラウド利用者が，クラウドエネーブラ（Cloud Enabler）の提供するサービスや機器の上でクラウドサービス提供者（Cloud Provider）が提供するサービス利用を開始する．クラウドサービスの多くはこの単純な取引モデルから始まる．

    ここで，クラウドエネーブラというのは，NIST モデルでは記述されていない要素だが，パブリッククラウドであれ，プライベートクラウドであれ，クラウドサービスを実現する要素やサービス，さらに，それらを提供する事業者を指す．クラウドキャリヤは，このクラウドエネーブラの一部となる．

2) **クラウドコミュニティ（Cloud Community）によるクラウドエコシステムの形成開始**

    クラウドエコシステムの形成には，該当するクラウドサービスを中心にしたコミュニティ作りが欠かせない．このコミュニティには，第三者が情報交換や連携などを目的に参加する．クラウドコミュニティも，NIST モデルに抜けている部分で，特定のクラウドサービスや技術の利用者や提供者による情報交換などを行うコミュニティと定義される．本書の第 7 章で紹介するクラウドデザインパターンは，アマゾンデータサービスジャパン株式会社の人たちが中心になったコミュニティである．

3) **クラウドブローカーやクラウドインテグレータ（Cloud Integrator）によるコミュニティ支援**

    クラウドインテグレータも NIST モデルでは，出てこなかった．これは，通常のシステムインテグレータと同様に，クラウドサービスの導入支援を引き受ける．

    クラウドブローカーやクラウドインテグレータは，顧客の要望に応じて，クラウドサービスを束ねて，必要なクラウドシステムを提供するわけであるが，実際にクラウドサービスの利用普及が進むと，さらに，その運用管理，あるいは，現状のサービスから派生する付加価値サービスなど高度なニーズが出てくる．クラウドブローカに対しては，既存のクラウドサービスの紹介だけでなく，このような新たな管理機能やサービスを再販する役割が期待されるという

わけである．この文脈の中では，クラウドインテグレータも単なる統合ではなくて，新たな付加価値の発掘と普及というコミュニティに根ざした活動が期待されるのである．

4) クラウド監査（Cloud Auditor）によるクラウドサービスの安全性・信頼性向上

コミュニティ形成とともにセキュリティリスクが問題となる．クラウド監査が必要となるわけだ．コミュニティと監査とがセットになるところが重要で，そのような観点で，クラウドサービス提供者もクラウド利用者も，そして，このコミュニティに参加する第三者もコミュニティ全体の成長を考えないといけない．

5) クラウドキャリヤを介してインタークラウド（Inter-Cloud）に拡大へ

このシナリオでは，コミュニティがインタークラウド（クラウドのクラウド）にまだ拡大することを想定している．さらに，クラウドキャリヤの依拠するネットワークがソフトウェアにより管理・制御がプログラマブルなSDN（Software Defined Network）による仮想ネットワークになることを想定している．

Inter-CloudまたはIntercloudには，現時点でも様々な解釈や主張がある．ここでは，IEEEが中心となって進めているP2302という標準番号をもつ「インタークラウド相互運用性及びフェデレーション標準（Standard for Intercloud Interoperability and Federation (SIIF))」[IEEE11] を紹介しておこう．

アイデアそのものは，インターネットの類推で，クラウド利用者においても，そのクラウドの中だけでなく，ほかのクラウド，特に，地理的にも業務領域の点でも離れた位置にあるクラウドとの連携が必要になるだろうという意識で，2010年にIEEEが行ったThe First IEEE International Workshop on Cloud Computing Interoperability and Services (InterCloud 2010) [IEEE10] が契機となって始まった標準化である．

これは，クラウド間の相互運用性とフェデレーションのためのトポロジー，機能，ガバナンスを標準的に定義しようとする試みである．2012年の第5回クラウドコンピューティング国際会議で，IEEEの関係者は，Intercloudテストベッドの立ち上げを宣言して，P2303標準の検証を行うとしているが，現時点では，まだ結果は出ていないようだ．

51

第5章 クラウドを支える基盤技術

クラウドを支える基盤技術には様々なモノがある．本書では，クラウドをとりまくエコシステムの図4.4にも記述のあった，仮想化技術，インターネット技術，並列処理技術，素子技術をとりあげる．これらのほかにも，システムの運用技術，電源技術，冷房技術，さらには社会的な側面の技術も含めて，様々な技術がクラウドを支えている（クラウドが我々の現代社会の産物だということを考えれば当然の帰結だ）．

5.1 仮想化技術

仮想化技術 (Virtualization) とクラウドとの関係については，一筋縄でいかないところがある．クラウドが始まった，2006年から2007年にかけては，サーバへの仮想化技術の導入がちょうど活発になった時期と重なっていた．そのために，一部には，クラウドよりも仮想化が重要という空気があった．現在でも，プライベートクラウドとは仮想化技術のことで，仮想化さえできればクラウドができたというような見方がないわけではない．その意味では，クラウドと仮想化技術の間には，微妙な協調と反発とが見られるようだ．クラウドは，仮想化技術をとりこみながら発展しているというのが，実態としても妥当なところだろう

5.1.1 仮想化という概念

仮想化に対応する英語，virtualは，面白い言葉で，語源はvirtueなどと同じくラテン語のvirtus，実質的に力のあるありさまを指す言葉である．科学用語としては，レンズにできる虚像を指す，virtual imageが典型的なもので，実在するわけではないが，実際にあると見なせば便利であり，有益なものであることを示している．

したがって，「仮想化」には，ホンモノではないという側面と，実用的には本当にあると感じていてよいし，実際に役立つという側面の二つが共存する．ホンモノだとみなしても（誤解しても）十分に役立つところが，革新的なとこ

ろだろう．

　コンピュータが生み出す様々な応用分野で，現実世界を模倣する部分は，この仮想化が当てはまる分野であり，拡張現実 (Augmented Reality) を含めて，ますます利用されるようになっている．

　コンピュータのシステムにおいても，仮想化は基本的な技術であり，コンピュータ科学の基礎的な理論であるチューリング機械には，万能チューリング機械 (Universal Turing Machine) という仮想化のモデルがあって，あるチューリング機械で行える計算はほかのチューリング機械でシミュレーションすることができて，その計算結果は同じになることがわかっている．

　クラウドという，本書で述べる概念や技術も，ネットワークやコンピュータやストレージなどの集まりを仮想化したものだと考えることもできる．仮想化は，図5.1のように何かをコンピュータを介して，扱う仕掛けだということである．

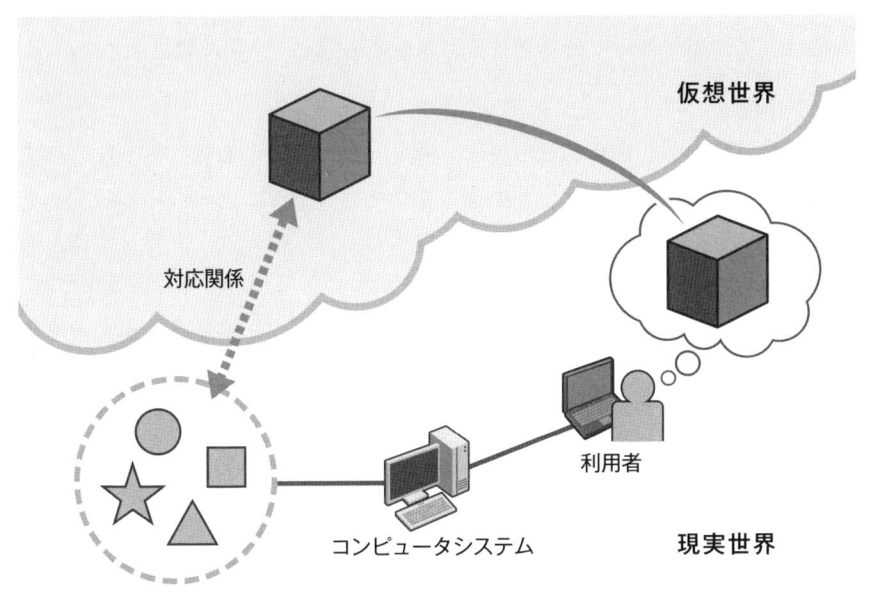

図5.1　仮想化の基本的な理解

　この図5.1にも書かれているが，仮想化で重要なところは，仮想化されているものと，実際に存在しているものとの間に何らかの対応関係があるとい

うところである．仮想化の対象が，すでに仮想化されているものということもあるので，仮想化は重層的に行うこともできる．

仮想化における現実のものとの対応関係が重要なのは，仮想化世界が，空想世界とは異なるというところにも現れる．空想世界は，現実世界と対応する必要がない．この点で，仮想現実（Virtual Reality）という分野では面白い現象がある．この分野の技術には，2種類あって，一つは，仮想化の説明に合致する，現実世界に対応した仮想化で，これは例えば遠隔地との会議を現実に近いものにするテレプレゼンス（Telepresence）や月や宇宙空間のような遠隔地，あるいは原子力事故現場のような人間が存在できない場所での機器の遠隔操作（Teleoperation）である．もう一つは，想像世界でのものをあたかも現実に存在するかのように取り扱うことができるようにする技術で，例えば，データベース操作を，あたかも積み木やレゴブロックを扱うかのように操作できるようにする応用例などがある．この場合には，対応物が実在するものというよりは，仮想的に存在すると措定されたものである．空想上の人物に人工知能を与えて会話させるような応用例も，この部類に入る．

●モデル化

仮想化と紛らわしい用語に，モデル化（modeling）がある．多少，寄り道になるが，モデル化と仮想化との違いを含めて，モデル化について説明しておこう．モデルの日本語訳は，模型が適当だろう．模型は，複雑な事物，あるいは，大きな事物を，簡略化して扱いやすいサイズで提示する．自動車や船，飛行機などのモデルは，外観だけが似ている小さなモノになる．建物の模型も同様で，巨大な構造物を作る前に外観を示す．

自然科学におけるモデルは，理論に対して，それを表したモノとして提示するとか，複雑な自然現象を簡単な数式でモデル化するというように，理解しやすい，あるいは，ある目的のために操作しやすい形で提示したモノを言う．場合によると，学問上は，近似とモデル化とが同じ意味で使われることもある．

仮想化の場合と同様，モデル化でも重要なのは，モデルとモデル化されるモノとの対応関係である．一般に，モデルは，モデル化する対象物を何らかの意味で簡略化して提示する．乗りものの模型では，駆動装置がなかったり，別の簡略化した駆動装置であったりする．

コンピュータやシステムでのモデル化も，基本的には，上で述べたモデルと同じようなことを指す．微妙なところは，例えば，シミュレーションモデルという場合のようなモデルである．シミュレーションモデルは，コンピュータシステムの規模という観点では，対象よりも大規模な場合がある．それは，シミュレーションが何を狙いとするかという点にも関係する．

かつて，あるコンピュータの内部の状況を研究するためのシミュレータ作りに関係した経験があるが，この場合は，内部の状態遷移を細かく追いかけるために大規模なシミュレーションが必要であった．対象のコンピュータよりもはるかに巨大な大型コンピュータを使ってのシミュレーションは，コンピュータ内部の電気的な操作を，モデル化するための膨大な作業を明白な形で示すものだった．

モデル化の過程を指して，抽象化 (abstraction) という言葉を使うこともある．抽象化は，数学という学問分野の根幹をなす思考上の操作であるが，基本的には，本質的な性質だけを抜き出すことである．

乗りものや建物の模型のようなモデル化の場合には，普通は，抽象化という言葉を当てはめないので，抽象化は，もう少し理論的な，あるいは，概念的な操作として考えられている．

コンピュータ科学の分野では，モデル化と抽象化が同じような意味で使われることもある．一方で，「抽象モデル」という言葉もよく使われるので，抽象化が必ずしもモデル化を前提としたものではないということは，一つの常識になっているようだ．おそらく，具象絵画と抽象絵画との対比があって，抽象化が，実物から何事かを捨て去る（抽象ではなく，捨象という言葉も使われる，盾の両面と思えばよい）という行為として認識されている現れだろう．

仮想化とモデル化とは，ここまでの説明でわかるように，作業の目的が異なる．仮想化は，コンピュータを媒介として，現実にあるものをベースにして，何者かを作り操作することを目的にしている．モデル化は，原則としては，コンピュータとは無関係に，現実にある何ものかのうちの要素や性質などを抜き出して，(ある目的のために) 扱いやすいようにまとめたものである．抽象化は，極端にいえば，扱いやすさなどを度外視して，性質や細部など，実物から何かを捨て去り，本質的なものを抜き出すということになる．

モデル化をコンピュータを使って行う場合に，モデル化と仮想化とが，同

じような意味で使われる場合がある．あるいは，「モデルを仮想化する」というような言い方をされる場合もある．また，「仮想化モデル」という言い方も見られる．

このあとの節で説明する，クラウドに関連した仮想化技術では，コンピュータシステムの扱う，また，コンピュータシステムを支える資源の仮想化が中心的な話題となる．この場合に，モデルという言葉が使われないのは，この資源操作がコンピュータを使っていく上での本質的な操作そのものであることをよく表している．

5.1.2 コンピュータの資源の仮想化

仮想化が最初に行われ，現在もなお利用されているのは，コンピュータの資源の仮想化である．すでに述べたように，仮想化 (virtualization) は，実物資源と無関係なものではなく，実物資源をよりよく使うための方策である．

●仮想記憶

仮想記憶 (Virtual Memory, VM) は，オペレーティングシステムの教科書では，必ず取り扱われるテーマである（例えば，[河野07]）．仮想記憶が1960年代に出現したのには，二つの背景がある．第一は，磁気ドラムや磁気ディスクという大容量の外部記憶が1950年代に開発実用化されたことであり，第二は，マルチプログラミングやマルチプロセシングという一つのコンピュータ上に，複数のプログラムを(仮想的に)実行させる技術が確立したことである．

現在から半世紀以上前の1960年当時，コンピュータの動作原理そのものは，今と変わってはいないが，演算を行うCPUは当然一つしかなく，主記憶も極めて小さなもので4Kバイトが普通というような時代であった（ただし，記憶容量は，毎年のように増えていった）．

ハードウェアの資源が限られている中で，オペレーティングシステムというソフトウェア（当時は，プログラムそのものだった）を実行するのを支援するソフトウェアが作られ利用されていく．その中の，ひとつの目玉がこの仮想記憶だった．

仮想記憶というのは，プログラマにとっては，（限界は常にあるのだが）必要なだけの記憶容量があたかも内部記憶として提供されているかのような仕

組みであった．実際には，メモリの容量が限られていたので，オペレーティングシステムがページングのような機構を使って，内部記憶と外部記憶とのやりとりを全部面倒見るという仕掛けだった．

　仮想記憶の出現する前は，利用者（＝プログラマ）は，自分で内部記憶と外部記憶とを管理しなければならなかった．仮想記憶によって，プログラマは，記憶領域を自分で面倒見る必要がなくなった．それだけではなくて，当時，日進月歩の勢いで開発進化が進んでいたコンピュータハードウェアが新しくなって，内部記憶が大きくなっても，プログラムに手を加える必要がなくなった．ハードウェアの進化がそのままプログラムの性能向上につながるようになったのである．

　この話は，今のクラウドの環境にどことなく似ていないだろうか？ ネットワークやコンピュータの素子が進化するという状況があり，利用者には，手軽にソフトウェアを導入して利用できる環境が提供される．環境が良くなれば，使っているソフトウェアに手を加えて更新しなくても，性能が自動的に向上する．

● **入出力の仮想化**

　入出力の仮想化は，極端な言い方をすれば，複数の人が使うコンピュータで長らく使われてきた．そもそも入出力が実際にどのように行われるかは，実はよくわからないままに，何となく使えていることが多い．

　現在では少なくなったが，コンピュータを自作で組み立てるとき，最初の関門がこの入出力である．LEDのディスプレイなどを使って，レジスタの内容を表示させるにはどうするのか．一つのやり方は，メモリの特定番地に書き込むと，その内容に応じて，ディスプレイが表示するというものである．このような入出力を，メモリマップI/O（memory mapped I/O）という．もう一つは，入出力命令を実行するもので，このときは，データがレジスタにあったり，メモリの中にあったりする．通常は，ポート（port）という入出力用の特別のアドレスが用意されており，そこへ向けて，INとかOUTなどの命令を実行する．

　入出力機器の動作は，コンピュータの内部の計算動作に比べてはるかに遅いので，効率的にコンピュータを使おうとすれば，入出力機器の動作とコンピュータの内部の動作とを並行的に実行し，入出力機器が命令を必要になったら，コンピュータに通知して処理をもらうという仕掛けが必要になる．

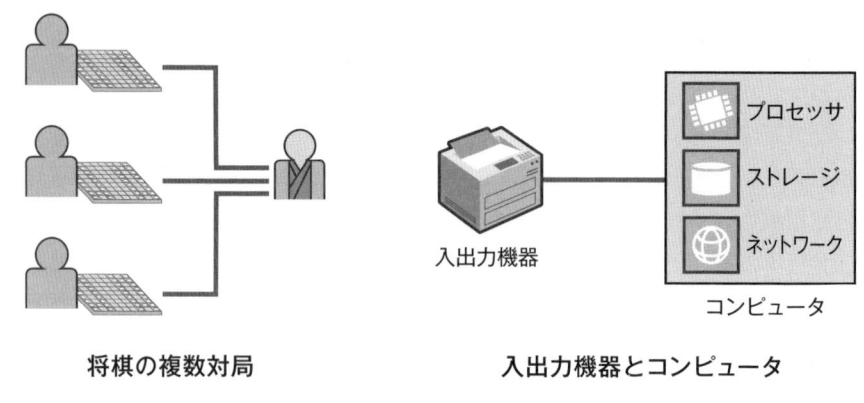

第5章 クラウドを支える基盤技術

将棋の複数対局　　**入出力機器とコンピュータ**

図5.2　速度の違う処理をうまくやる

　図5.2のように，将棋や碁，あるいはチェスのような，2人ゲームで，プロが複数の素人と対局するような場面を思い浮かべてもらえればよい．速く処理ができるコンピュータは，ほかの仕事もしながら，遅い方の入出力機器への命令を必要になったときだけ発行する．

　このような処理は，印刷処理では，いわゆるスプーラー（spooler）によるスプール処理(spooling)という方式として現在も使われている．ちなみに，spoolという単語は，Simultaneous Peripheral Operations On-Lineの頭文字をとったものである．これは，プログラムでの印刷処理を，仮想的に実行してしまって，実際に入出力機器と行わなければならない処理をまとめて，バッファにキューの形式で格納するものである．

　つまり，将棋のような複数対局では，同時に複数の初心者が居て，プロがそれらを相手にするのだが，このスプール処理では，時間経過の中で複数の印刷処理をスプールバッファにまとめることによって，あたかも一度に複数の入出力処理を行うかのような処理ができる．個別のプログラムからは，スプールバッファに出力処理を出したところで，出力が終わったと理解しても構わないということになる．

　入出力の仮想化は，一般的には，実入出力に対して対応する仮想入出力を作成して，その入出力処理を下記の図のように別途リクエストの形式にして，最終的に実入出力に帰着させる．

5.1 仮想化技術

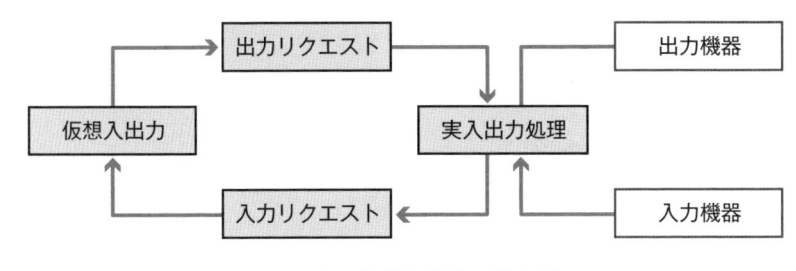

図5.3　仮想入出力の概念図

　仮想化一般に言えることだが，仮想化のレベル（層という言葉もよく使われる）は，その環境，用途に応じて様々にとることができる．例えば，電子書籍の閲覧ソフト（あるいは，電子書籍リーダー）などでは，「ページをめくる」という操作を仮想入出力の一操作として，システムを構築することができる．また，後述する仮想マシンの場合には，実入出力と同じ形式で仮想入出力が行われ，それを仮想的なマシン環境（仮想オペレーティングシステムとも言われる）で実行する入出力命令（図5.3の入出力リクエストに対応する）が出され，それが実入出力命令にマッピングされて実行されることになる．

　電子書籍リーダーの例など，わざわざ「仮想入出力」などという言葉を使うことはまずない．アプリケーションの設計として，ごく素直にそのような操作を仮定するということだろう．インターネットで，買いものをして，クレジットカードで決済する場合なども同じだ．利用者は，カード番号を入力するとき，どのような実入出力で，最終的に業者が受け取るのかを考えない．電話で番号を教える代わりに，指で操作して番号を入れているだけとしか考えない．

　マルウェアと呼ばれるソフトウェアが，クレジットカード情報や，パスワードなどを盗む一番簡単な手口は，ユーザのキー入力（これは，実入力情報）を横取りして，そのデータが悪者のところに行くようにすることである．最も簡単な仕組みは，キー入力を全部とりこむことで，これは電話の盗聴とそっくりだ．送られたキーの列を分析すれば，どこでパスワードが入力されたか，クレジットカードの番号が入力されたか，簡単に割り出すことができる．パスワードなどで，画面キーボードを使うようなガイドが出るのは，マウスなりタッチなりだと，直接キー入力ではないから，割り出しが面倒になるという背景がある．

この辺りの話は，資源の仮想化というよりは，操作の仮想化といったほうが適しているかもしれないが，仮想化という考え方が，コンピュータシステムにおいては，普遍的なものであることが，わかったと思う．

5.1.3 マシンの仮想化

クラウドに関連する仮想化は，基本的には，このマシンの仮想化をいうことが多い．マシンすなわちコンピュータ全体の仮想化というと，一体何が仮想化されるのだろうかと不思議に思うかもしれない．言葉としては，プラットフォーム仮想化とも呼ばれる．

仮想マシン（Virtual Machine）というと，二つの意味がある．一つは，プログラミング言語の方の仮想マシンで，有名なのはJava VMというJava言語の実行モデルである．こういうプログラミング言語での仮想化は，Pascalなどの高級言語で最初に実用化された．

もう一つは，ここでのマシンの仮想化とほぼ同じ意味で使われるが，実態としては，オペレーティングシステムの仮想化である．つまり，オペレーティングシステムの開発においては，以前から，コンピュータシステム全体を仮想化するニーズがあった．

一つは，開発中のシステムをテストする環境である．実際のコンピュータでのテストも必要だが，テストプログラムや，様々な環境を用意する必要性から，もし，既存のシステムで，仮想的に開発マシンを組み立てて実行できれば，色々と好都合なことが多い．例えば，実際の機能部分がまだ実現できていなくても，それをシミュレートすることで，アプリケーションのテストができる．あるいは，実行のトレースをとるのも楽になる．

一方で，新しく開発したオペレーティングシステムにおいて，以前のオペレーティングシステムで開発されていたアプリケーションを一切の手直しなしで動かしたい場合，古いオペレーティングシステムがそのまま仮想マシンとして稼働すれば，さしあたっては十分であるというようなことも多い．

システムがユーザインタフェースを含めて，大きく変わるときなどには，仮想マシンがあれば，利用者や管理者のための教育にも，このような仮想マシンは便利に使われる．

もちろん，小規模なクラウド環境として，手持ちのサーバ群を仮想化して，

その上に適宜仮想マシンを使えるようにして，そういう環境を本格的なクラウド運用の試験的なものとすることもできる．そのような意味で，クラウドのための仮想マシンという使い方もあり，一方では，本格的なクラウドセンターで大規模なシステムの仮想化を行い，多数の利用者に使ってもらうという運用形態もある．このオペレーティングシステムでの仮想化では，ハイパーバイザー（hypervisor）という名称も用いられている．

● **仮想マシンの背景**

仮想マシンを設ける背景には二つのことがある．一つは，従来よりも強力な計算環境において，複数の仮想計算環境を提供することである．これは，強力な計算環境をより効率的に利用するための場合もあれば，古いアプリケーションをあまり手間を掛けずに新しい計算環境で使うためということもある．

もう一つは反対に，複数の物理的計算環境から，より強力な仮想計算環境を作り上げるものである．これは，グリッドコンピュータが目指していたもので，スーパーコンピュータを作るようなものである．

お互いの方向は正反対だが，共通しているのは，実際の物理的計算環境から離れて，仮想的計算環境を利用者に提供することである．アプリケーションを実行する利用者の立場としては，実は，それが物理的計算環境でそのまま実行されているものか，あるいは，仮想計算環境で実行されているだけなのかは，普通に利用している場ではほぼ関係がない．

実際の物理的計算環境で実行したほうが速いとは限らない．バグなどの対処も，仮想計算環境のほうが難しいとは限らない．テストのための仮想計算環境をわざわざ構築する場合があるから，実際の物理マシンのほうがよいとも一概には言えない．

仮想マシンが最初に作られたのは，IBMの有名なSystem/360で，1972年のことである．目的は，古いシステムで稼働していたアプリケーションを実行することであった．IBMは，System/360でコンピュータのファミリーモデルを実現して，低価格の機種から高価格の機種へとアプリケーションを変更せずに円滑な性能向上を実現した．

仮想マシンは，大型メインフレーム機の上でまず実用化されたわけだが，現在では，Xen [Xen08] のようなオープンソースによる仮想化OSが普及し

ており，パソコン上でもWindowsのHyper-Vなどを含めて広く利用できるようになっている．

● **仮想化マシンの内容**

　仮想化マシンの内容とは，端的に言えば，オペレーティングシステムの仮想化にほかならない．オペレーティングシステムを仮想化することは，同時に計算資源の仮想化が含まれる．そういった資源の中には，オペレーティングシステムを立ち上げるときに必要なファームウェアの参照のような，通常の計算資源としては，あまり議論されないものも含まれる．

　現在のように，マルチコアという複数CPUが普通になり，主記憶のほかに，高速キャッシュメモリとSSDやハードディスクを潤沢に備えたシステム構成では，CPUの仮想化とメモリの仮想化は前提になっているといってもよいだろう．

　オペレーティングシステムの仮想化で重要となるのは，実は，特権命令といわれる操作をどうするか，入出力資源の仮想化と大きく関係するイベントハンドラをどうするかという内部処理である．

　さらに，このような仮想化マシンが複数個存在しても，それぞれがひどい速度低下などを起こさずに順調に稼働できるスケジューリング処理などである．

　特権命令の処理に関しては，CPUの命令がどのような機能を備えているか，つまり仮想化を支援するようなハードウェア機能が備えられているかどうかが重要なポイントになる．

　このような問題は1970年代にすでに議論されていて，PopekとGoldbergが次のような解法を与えている [PoGo74]．

　「すべてのセンシティブ命令が特権命令であるならば，仮想化が可能である.」

　ここで，センシティブ命令 (sensitive instruction) というのは，制御センシティブ命令という，リソース設定の変更，すなわち，仮想メモリから物理メモリのマッピングの変更，デバイス処理，グローバルレジスタの操作などを指すものと，動作センシティブ命令と呼ばれるリソース設定の変更によって動作が異なるもの，すなわち，仮想メモリへの読み書きなどが含まれる．

　特権命令 (priviledged instruction) というのは，実行モードが特権モードでないとき（一般に，ユーザモードと呼ばれ，普通にコンピュータのプログ

ラムが実行されるのはこのモードである),トラップがかかり,特権モードに移行してから実行が可能となる命令を指す.

このPopekとGoldbergの解は,PopekとGoldbergの仮想化要件と呼ばれており,仮想化されたマシン(仮想化されるOS,ゲストマシンとも呼ばれる)の命令実行のうち,マシン環境に直接影響を及ぼしたり,影響を受けるような命令を,仮想化を提供するオペレーティングシステム(ホストOSとも呼ばれる)が横取りして,その内容を解析して,適切な処理を行えるようにすることができるということを意味している.

最初に,仮想化という考え方でも述べたが,仮想化という考え方は,コンピュータ技術の基本的な機能に根ざしているので,ここに述べた仮想化要件を直接満たさなくても仮想化は可能である.

例えば,ゲストOSの命令を事前にチェックして,センシティブ命令を書きなおして仮想化を実現する,準仮想化という技術もある.あるいは,実行前に,動的再コンパイルという手法で,特権命令でないセンシティブ命令をパッチによって処理する方式もある.

現在の仮想マシン技術は,オープンソースのXenに見られるように,仮想化を実現するオペレーティングシステムであるハイパーバイザーや,Xenサーバなどが,簡単に実装できるところまで成熟した状況になっている.

● クラウドにおける仮想化

クラウドがこのような仮想化を利用することは,当然と思われるだろう.クラウドそのものが「仮想化」なのだから当然なのだが,クラウド・サービスが,システムの仮想化技術なしに,例えば,仮想マシンという機能を備えずに可能かどうかと問われると,実は,可能であると答えることができる.

例えば,最初に,クラウドのアーキテクチャで紹介したNISTの参照アーキテクチャにおける「クラウドとは何か」という五つの基本的特徴を見てみよう.

- オンデマンドセルフサービス (OnDemand self-service)
- 幅広いネットワークアクセス
- リソースの共用
- スピーディな拡張性
- サービスが計測可能であること

これらは，仮想マシンを使って簡単に実現できるが，必ずしもオペレーティングシステムのレベルで，「仮想マシン」が用意されなければ絶対できないというものでもない．

一方で，すでに述べたように，仮想化技術が成熟して，手近に使えるようになっているので，クラウドのアーキテクチャを実現するのに仮想化を使うのは，当然の流れとして理解される状況になっている．

5.2 インターネット技術

インターネット技術がクラウドを支える基盤技術であることは，あまりにも明白だろう．場合によっては，インターネットとクラウドとがまったく区別されていないのではないかという懸念すらある．クラウドコンピューティングがインターネット技術に支えられていることは間違いない．NISTの上げているクラウドの特長の中に，幅広いネットワークアクセスがあることは当然なのだが，なぜインターネットと言っていないのかという方がむしろ気になるところかもしれない．

筆者は，かつて1990年台初めに，インターネットのビジネス利用について本を訳したり [Cronin94]，講演をしたことがあったが，1990年代半ばでは，インターネットはいまだ学術的，もしくは，軍用のネットワークであり，ビジネスの可能性はあるだろうけれど，本当に使えるようになるのはいつなのだろうというのが一般の受け取り方だった．

わずか20年で，インターネット環境は様変わりして，人々の意識も大きく変わった．クラウドとは何かという問いに対する答えの一つはインターネットを利用したサービスである．

> **クラウドの定義 ❹**
> インターネットを利用したサービス

そのインターネットも変化している．一つは，無線インターネットであり，もう一つはモノのインターネット，英語で，InternetOfThings（IoT）とか，Machine to Machine（M2M）と呼ばれているものである．

5.2 インターネット技術

● 無線インターネット

　無線インターネットは，携帯電話によるインターネット（モバイルインターネットとも呼ばれる）と，無線LANによるインターネットの両方を含む．利用者にとってインターネットが有線でなければならないか，無線・モバイルでもよいかは，利便性という観点で，非常に大きな差がある．

　無線インターネットの速度は，最近は有線での速度とそんなに変わらないところまできている．Wi-Fiと呼ばれている無線LANの国際規格が，2年後の2016年には，10Gビット（現在は，最大1Gビット）の伝送速度になることが最近（2013年5月）決まった．

　一方，携帯電話の方は，現行のLTEから4Gと呼ばれるLTE-Advancedに2015年から切り替わり，伝送速度が1Gビットと現在普通の有線LANの速度になる予定である．これによって，クラウドデバイスでの動画閲覧などが容易になる．

　ただし，無線インターネットには，端末の個数が限度を超えるとつながりにくくなるという問題があり，移動中のハンドオーバーの問題も含めて，有線での接続と同じ環境を実現するには，まだまだ解決すべき点も多い．

● モノのインターネット (InternetOfThings (IoT), Machine-to-Machine (M2M))

　無線インターネットが，クラウドデバイスに関係するとは言っても，伝送路と呼ばれるネットワークの線の問題であったのに対して，モノのインターネットが話題にするのは，新たなクラウドデバイスとそのアプリケーションである．

　Internet of Thingsという概念の出所については，RFIDのようなIDのタグ付けシステムによるものという説もあれば，現在広く普及している監視カメラや，スマートメータのような計測機器の発展形として，もっと広く考えられてきたという説もある．いずれにせよ，2000年頃から，そのようなインターネットに接続する機器の増加は予見されていた．2020年には，300億個を超える機器がインターネットに接続すると言われ，これは，70億という人口予測をはるかに超えた数字なので，クラウドデバイスという観点では，人間の扱う端末よりも，機器端末の個数のほうが圧倒的になるのは間違いない．

　そのような機器がインターネットに流したり，あるいは，インターネットから取得するデータは，人間がインターネットとやりとりするデータとは，

本質的に異なるものとなる．計測機器の場合は，定期的に短い計測データが送出され，たまに，指示データや，内部の調整のデータを読み込むのが普通だろう．監視カメラなどは，定期的に動画データを送り出す．機器の個数が莫大なだけに，これらの機器がある時期にまとまってデータの入出力を行えば，インターネットのキャパシティを超えてしまって，事実上，インターネットが使用不可能になる危険性もある．

アプリケーション層でのクラウドデバイスの連携や，データ活用のために，このようなIoTに関する，各種の標準化も現在進展しているところである．

5.3 並列処理技術

並列処理（parallel processing）とは，ある仕事をするのに，複数の機械で行うことを指す．そんなことは，当然のことではないかと人間なら思うだろうが，複数のコンピュータにうまく並列で仕事させるのは，そう簡単なことではない．人間の場合でも，頭数が多ければ仕事が捗るかといえば，そんなに簡単に運ぶものではないことを，たいていは経験で知っている．何よりも，コンピュータを使うソフトウェア工学の分野では，『人月の神話』[Brooks75]という有名な本があって，遅れかけたプロジェクトを救おうと沢山の人を送り込むと，以前よりさらに遅れてしまうことがあるという，複数の人で仕事をすることの難しさを説いた本がある．

クラウドの利用技術，そして，クラウドを提供するクラウドデータセンターの中核となる技術は，多数のシステムを全体として効率よく使っていくことであるから，並列処理技術がその中心的な位置に来る．

ただし，クラウド用の特別な並列処理技術があるわけではない．例えば，第7章に述べる，クラウドデザインパターンには，「並列処理」という言葉は出てこない．基本のパターンや可用性を高めるパターンなど，アチラコチラに顔を出しているのだが，それとわかる形では出ていない．そこで，本節で，クラウドにおける並列処理技術の基本的な部分を説明する．

5.3.1 並列処理についての基本的なことがら

以下では，並列処理についての基本的な事項を解説する．

●並列処理 (parallel processing) と多重処理 (multi-processing)

　最初に，厳密な概念として，並列処理と多重処理との違いを明らかにしておこう．並列処理の狭い意味での定義は，ある作業を複数のプロセッサで実行することである．これに対して，多重処理は，複数個ある作業を処理するために，複数のプロセッサを使ってこなしていくことを指す．

　料理について言えば，多重処理は，ご飯を炊く人，肉を焼く人，味噌汁を作る人，食卓を整える人などそれぞれの仕事をする．並列処理では，ご飯を炊く釜が複数個並列にあって，たくさんのご飯を炊くのに，それぞれのお釜に小分けして並列に炊く．この例でも明らかなように，並列処理は，ある作業の時間を短縮する可能性があるけれども，そのためにはそれなりの用意をしておかないといけない．

　単体のコンピュータの能力の指標として，クロック周波数や単位時間あたりの命令処理個数（例えば，MIPS, Million Instructions per Second）が主として使われていた1980年代から，コンピュータ単体の処理能力に限界が見えてくることは，よくわかっていたので，それを解決するには，並列処理が有効であろうということは，専門家の間での了解事項だった．そこで，1980年代の筆者も参加した第五世代コンピュータ[FeiMc83]プロジェクトの一つの柱が並列処理コンピュータを作ることだった．

●同期 (synchronize)

　並列で処理をするためには，先ほどの例であげた料理の場合でも，ある程度の用意が要る．それだけでなく，普通はどこかで，並列で進めていた処理の結果をもちよって，次へ進む手はずを踏まなければいけなくなる．一般に，並列で行われていた処理の間での連携操作を同期という．

　この同期をとるために，お互いに連絡をとりあわなければならないとすると，その手間が結構バカにならないことがある．並列処理のための，そういう手間を一般にオーバーヘッド (overhead) というが，プロセッサの個数を増やすと，このオーバーヘッドが増えてしまって，結果的に処理が早くならないこともある．まさに，船頭多くして船山に登るの例えで，『人月の神話』にかかれているような増やせば増やすほど遅くなるという現象が生じる．

● データ並列（data parallelism）

　並列処理でもう一つ注目すべきは，何に注目して並列化するかということである．複数のプロセッサで仕事を分担することによって，処理時間を短縮するのだが，どこに注目して仕事を複数に分割するかということである．

　一つの考え方は，分業的な考え方で，全体の処理手続きを分割して，それぞれの処理を並列に行う．もう一つの考え方は，扱うデータを分割する．分割したデータごとに処理を行うので，個別処理はデータが少なくなった分だけ速くなる．このような並列処理を，データ並列と呼ぶ．

● 共有メモリ型並列処理

　並列処理での同期のとり方として，一つの考え方は，それぞれのプロセッサがお互いに共有するメモリ領域をもち，そこでの情報を使って同期させるという考え方がある．この考え方の極端な方式として，すべてのメモリを全部のプロセッサが共有するという方式がある．

　現在，使われているデュアルコアとかクアッドコアというマルチコアのプロセッサは，キャッシュ以外の全メモリを共有するという共有メモリ型の並列処理を行うようになっている．共有メモリ型の並列処理においては，すべてのプロセッサが同じデータ（メモリ）を扱っているので，お互いの処理が干渉することがなければ，効率よく並列処理が行えるという利点がある．

　一方で，共有しているメモリが壊れたり，あるいは，一つのプロセッサが故障して，メモリ内容を壊してしまうと，ほかのすべてのプロセッサが影響を被るという危険性がある．

● メッセージ伝播型並列処理（非共有メモリ型並列処理）

　同期のとり方に，共有メモリではなくメッセージを使う．共有メモリに比べると同期の手間がかかり，通信のオーバーヘッドがある．それぞれのプロセッサが独自に自分の処理のためのメモリをもたないといけないので，全体として使うメモリ量も増える（マルチコアのプロセッサが共有メモリ型なのは，チップの中にそんなにメモリは用意できないという理由が主である）．

　メッセージ伝播型の並列処理の利点は，同期をとる必要がそんなになければ，オーバーヘッドが少なくて済み，一つのプロセッサが故障したり，暴走しても，ほかへの影響が比較的少なくて，影響範囲も比較的小さくて済むこ

とがある．

- **超並列（massively parallel）と小規模並列（small scale parallel）**

  超並列と呼ぶのは，典型的には，何万というプロセッサが並列に処理をする場合で，小規模というのは，高々十数個の，場合によっては，2個とか4個とかの並列処理を指す．うまく並列処理をするための管理業務を考えれば，超並列の場合と，小規模並列の場合とでは，並列処理に対するアプローチがまったく異なることが理解できるだろう．

  一般に，超並列は，特殊なデータを扱う場合が多く，小規模並列はマルチコアプロセッサの現状を見ればわかるように，単一プロセッサの拡張という場合が多い．

- **量子コンピュータ（quantum computer）**

  次世代のコンピュータとして注目を浴びている量子コンピュータも，その動作原理は，量子ビット（qubit）による状態の重ね合わせを用いた並列計算である．n量子ビットで，2^n個の状態を同時に計算できるという意味で，現在のコンピュータを凌駕するのであって，決して，一つの計算が$1/2^n$時間で計算できるようになるということではない．

  量子コンピュータが注目を浴びている背景には，そのような並列処理が活用される分野が，セキュリティ分野を筆頭にいくつも考えられるということがある．

5.3.2 クラウドにおける並列処理

クラウドにおける並列処理には，いくつかの切り口がある．クラウドデータセンターの運営という立場で並列処理をどう考えるか，クラウド上でシステム構築をするときに並列処理をどう考えるか，クラウドサービスの利用者として並列処理をどう考えるか，そして，一般に，クラウドの将来を考えるときに，並列処理技術の進展の影響をどう考えていくかである．

- **クラウドサービスの利用者にとっての並列処理**

  一般的な利用者は，おそらく並列処理がどういうものかを考えたこともないし，考える必要を感じたことがないだろう．サービスを迅速に受けられるのが，実は，並列処理がまともに行われているからだというのは重要な点である．

電話での問い合わせサービスなどの応対が悪くて，電話がかからないとか，ただ今混雑しているのでお待たせしていますとかのメッセージがあって，なかなか応対が受けられないというような場合は，プロセッサ（担当者）の数が少なくて，十分な並列処理サービスができていないのである．

● クラウドデータセンターの運営における並列処理

クラウドデータセンターの運営では，並列処理は欠かせないものとなっている．一つには，可用性ということで，データセンター内のシステムも，データセンターの間でも，並列処理の仕組みが隅々まで行き渡っている．

ネットワークにおける多重化も，インターネットストレージの多重化も，並列処理が裏で支えているという考え方ができる．ただし，このような処理はすべて自動化されているから，管理者の前に見えているのは，現在管理中の資源の稼働状況と，周辺の関係しているデータセンターの稼働状況でしかないだろう．

● クラウド上でシステム構築をするときの並列処理

クラウド上でシステム構築をする際に，並列処理をどのようにとりいれるかは重要な問題である．クラウドは，計算資源を動的に配備できるので，業務の量の変動に応じて柔軟に処理できると言われているし，実際にその通りなのだが，何も用意しないで，計算資源の手当さえすれば勝手に業務量の変動を吸収してくれるかというと，そんなにうまくいくはずがない．

第7章のクラウドデザインパターンに，様々なクラウド利用システムの設計方針が紹介されているが，典型的なスケールアウトの場合でも最低限の準備が必要である．もちろん，自動スケールアウトのような準備が十分に整っていれば，担当者が直接手を動かさなくても，業務システムを管理するシステムが自動的に計算資源を割り当てて，業務量の変動に応じて，処理が行われるようになる．

基本的な並列処理の仕組みが，今では，関係データベースの性能処理においても用意されているというのは，1980年代に並列処理プロジェクトに関わっていた頃からすると驚異的である．特に，大量のデータを処理する仕組みは，Hadoopなどのオープンソースツールの充実によって随分と簡単になった．

自分の仕事をこなすためのシステム構築と，顧客の要求をこなす，顧客に

サービスするシステム構築とでは，並列処理の使い方に差も出てくる．顧客のためのシステムでは，性能と可用性を確保するために，必要な並列処理を使い込んでいかないといけないが，危険性があるようなら使用を差し控えて，確実な結果を狙うほうがよい．

自分の仕事だけのシステムなら，例えば，何万というサーバを立てて，一挙に処理するような極端な使い方も意味があるだろう．あるいは，新しい並列処理のためのプログラムを開発するための実験なども，クラウド上では，自由にできる．

● **クラウドの将来を考えるときの並列処理**

最近，ビッグデータという呼び名で，ソーシャルネットワークサービスなどのメディアに掲載された情報を分析する作業が注目を浴びているが，大量のデータを短時間で処理するために並列処理が多用されており，当然ながら，その計算基盤としてはクラウドが用いられている．

1980年代に，これからの技術としては，並列処理が重要だという認識は間違っていなかったのだが，その当時は，プロセッサそのものの高速化に十分な余地があり，並列処理の効果よりも，RISCアーキテクチャや，半導体技術の進展の効果のほうが，はるかに影響度が高く，利用が容易だった．さらには，データ並列を行うためのデータを集めて，使えるようにするという作業だけでも大変な労力が必要だった．今では，クラウドのお陰で，そのような膨大なデータが場合によると短時間で無料で入手できるようになっている．

現在では，状況が大きく変わっている．コンピュータのアーキテクチャや半導体技術の開発の方向が，素子そのものの高速化には向かっていない．量子コンピュータの開発もそうだが，今後のコンピュータ科学や技術の進展の方向の一つは，大規模な並列処理による問題解決だろう．クラウドは，大量のデータを生み出す基盤になっているのだが，そのようなデータを処理して，新たなデータを生み出す基盤にもなっている．

何よりも大きいのは，クラウド上では，パラメータを様々に変えた実験を大量に行うことができることである．これは，これからの研究開発の態度そのものが，そういう多様な可能性を試しながら進展するという方向に動くという可能性を示唆している．新たな結果を出すための方式として，並列探索

が，その費用低下と相まって，より広く使われるようになると思われる．

　現在の研究開発のもう一つの方向はエネルギーである．プロセッサの高速化が諦められた一つの理由が，原理的な限界だけでなく，エネルギー消費の限界であったことはよく知られている．膨大なデータの並列処理が，そのようなエネルギー消費上の制約にどう関わるのかは，いまだはっきりしていないところがある．エネルギー消費と無縁ではないのは確かだろうが，制約要因としてどのように影響があるのかは，これからわかるような感じがする．その分野の研究もこれから必要になるのだろう．

5.4 素子技術

　情報通信技術にとって，素子技術の重要性は言うまでもないところだが，これらの基礎となっている半導体技術，その先駆けはトランジスタの発明だが，これは1947年のことで，高々65年ほど前のことにすぎない．この素子技術の開発に中心的な役割を果たした米国のベル研究所についての文献[Gertner12]によれば，材料についての技術，科学的な理解へのこだわりが，このような発明を可能にした．

　集積回路のコストパフォーマンスがムーアの法則に従って劇的に下がり，これが20世紀後半の世界を大きく変えたことはすでに述べたが，クラウドもまた，その恩恵にあずかって出現した技術成果であることは間違いない．そして，クラウドが今後とも発展するために，素子技術の進歩を支える開発が必要なことは明らかである．

　素子技術は，英語ではdevice technologyに相当するので，本来なら，コンピュータやルータなども含まれるが，日本においては，もう少し部品よりの解釈が多い．素子技術という言葉も，光素子技術，撮像素子技術，半導体素子技術などのように，用途，あるいは材料につけて用いられ，「素子技術」そのものを正面から扱った書物はなさそうである．

　素子は，システムの構成要素であり，それ自体を機器としてみれば，さらにその構成部品である素子に分解できる．クラウドにとっての素子技術は，クラウドを構成する機器のための技術ということになるのだが，ここで論じるのは，機器の中の中核部品，メモリ，ディスク，CPU，スイッチ，伝送路

などの部品を支える技術ということになる．構成部品ということでは，電源などのエネルギー部品も重要なのだが，主として情報通信部品を構成する素子の技術，エレクトロニクスとオプティカルな信号処理素子の技術を論じる．

● **半導体技術**

　素子技術の中核となるのは，半導体技術だが，前述のベル研究所の本 [Gertner12] でも記されているが，半導体という材料そのものが重要なのではない，真空管に代表された信号増幅機能をもち，耐久性と，省エネルギー性能をもつ素子を，ベル研究所のショックレー率いるソリッドステート部門が探し求めた結果，半導体（発見時は，ゲルマニウム，開発時はシリコン）に行き当たったということである．現時点では，このような特性は，半導体という性質を備えた物質に見られるのだけれど，そして，その理由が，半導体と言われた固体物質の構造にあることが今では理解されているのだけれども，信号伝播に際して増幅作用をもつものが半導体に限られるかどうかは，これもまだわかっていない．当時，ベル研究所を率いていたケリーが語ったというこの要求事項は，現在においても色あせていない．夢物語をすれば，ニュートリノのような粒子を使って信号を送れればとか，あるいは，機器全体を極低温にして超電導状態で動かせばなどと，色々な可能性が考えられる．

　半導体技術は，一時は日本のお家芸とされ，「電子立国日本」の基礎技術とされたこともある．外国為替市場での円高が進むと共に，日本で半導体を作って世界に売るという半導体ビジネスが成り立たなくなり，20年ほどで，日本における半導体技術はほとんど顧みられなくなった．

　別の言い方をすれば，半導体技術の進展度合いは，今や，日本の大企業でも追いつけないほどに速いものだと言える．世界的に見ても，ヨーロッパと米国とで，国際的な半導体研究開発コンソーシアムができており，そこが，もはやマイクロではなくて，ナノレベルの技術開発の中核となりつつある．ヨーロッパではベルギーのIMECが成功モデルとなり，米国では，ニューヨーク州立大学アルバニー校CNSE (College of Nanoscale Science & Engineering) が成功例となって，日本企業を含めて，世界中の頭脳と資金を集めて，研究開発にしのぎを削っている．

　クラウドを支える素子技術には，通信関係の技術もある．インターネット

技術と重なる部分もあるが，有線も無線も超高速通信や通信のセキュリティに関する技術開発が進んでいる．

● ストレージ

　もう一つ重要なのは，情報の蓄積を担うストレージの素子技術である．今や，磁気ディスクの時代がフラッシュメモリに代表される固体ディスク (SSD：Solid State Disk) の時代に切り替わりつつある．かつて，コンピュータの主記憶が磁気メモリであったことを覚えている人も少なくなりつつあるが，同じことが再び起こるのだろうか．

　磁気コアメモリと半導体メモリとの間には，製造工程を含めて大きな差異があったが性能差があまりにも大きかったために，置き換えは急速だったが，磁気ディスクとSSDとの間には，性能差に比べて，現時点でも，価格差だけでなく，耐久性，記憶密度といった障壁が存在している．一方で，クラウドデータセンターにとっては，SSDは，速度だけでなく消費電力が小さいという魅力をもつ．現在の磁気ディスクの最大の弱点は，回転することによってデータアクセスが可能になるというところである．それが，速度と消費電力のアキレス腱となっている．

　現在のフラッシュメモリの技術開発を見ていると，パソコンなどは，近いうちに，SSDが主役となり，磁気ディスクがオプションになるのではないかという感じがする．データセンターもそうだが，サーバについては，耐久性が問題となるので，ポータブル機器に使っているような構成では済まないだろうから，当面は，SSD装置と磁気ディスク装置との併存になるのだろう．

　さらに次のストレージということになれば，順当に行けば，ホログラムメモリの出番になるはずなのだが，いまだ実用化には，いくつものハードルがありそうだ．光関係の機器に付きまとわる話だが，光信号と電気信号の変換が一つのネックになる．波としての多重化で大量のデータを運ぶと共に，必要なら，光子一個一個に戻して信号を運ぶことができれば申し分ないのだが，我々の技術は，そのようなところまでは達していない．

　量子コンピュータもそうだが，波と粒子の二重性を (現在の) 極限を超えるようなところまで操作するのは，これからの課題になると思われる．

第6章 クラウドの技術要素

まえがきで述べたように，クラウドやクラウドコンピューティングは，全体的に捉えるべきものだが，構成要素にばらしてみることも，理解への一つの方法だろう．ただし，ばらし方は，一つとは限らない．ここで述べる構成要素の提示法が絶対的なものではないことを念頭に置いて，読んでいただきたい．

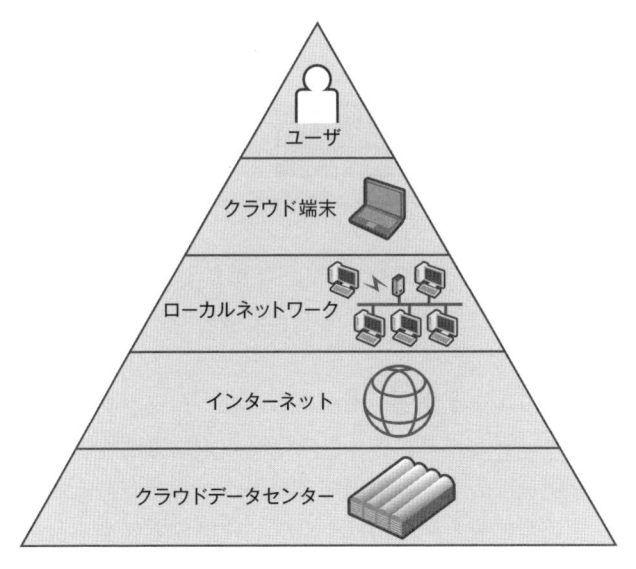

図6.1　クラウドのハードウェア構成

　構成要素は，まず，図6.1のように，物理的なハードウェアの側面から考えることができる．この図が実は，図4.1のクラウドサービスのアーキテクチャに対応していることがわかるだろうか．この構成要素では，人間である利用者も構成要素としてとりこんでいる．
　構成要素には，ソフトウェアもある．これは，全体を管理するソフトウェア，VM上に構成される個別のソフトウェア（これは，クラウドを意識しなくてもよい），共通に使われるセキュリティ，データベース，そして，ほかのシステム（VM）と連携する並列処理ソフトウェアなど，管理する立場によって構成が変化するので，まとめるのが難しい．

第6章 クラウドの技術要素

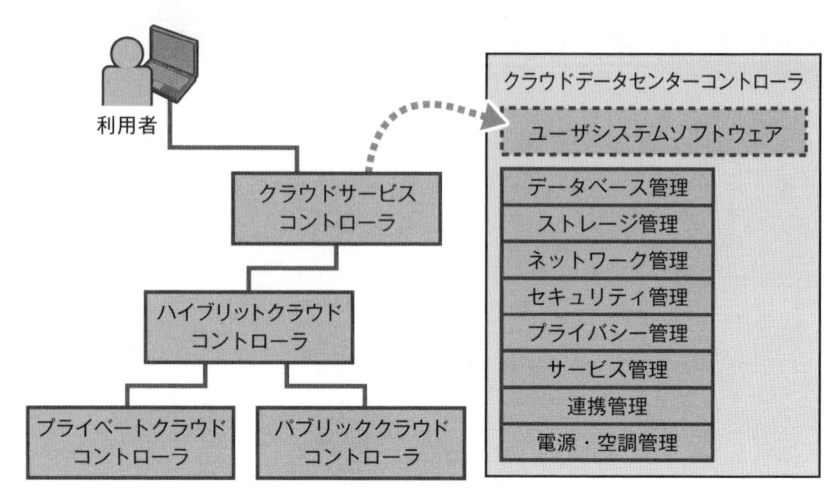

図6.2 クラウドのソフトウェア構成

　クラウドのソフトウェア構成について，とりあえず図6.2のようにまとめてみたが，これはどちらかというとクラウドデータセンターの管理側のソフトウェア構成の図になっている．

　これらと並行してユーザ側の視点があるのだが，クラウドであるかどうかは，サービスメニューとして，リソースの追加，変更削除などがあり，それらのリソースを使っての並列に処理するかどうかなどがあるという違いぐらいなので，システムの最終利用者はクラウドの構成要素をそう意識することはないだろう．本章では，そのために最終利用者の視点は無視している．クラウドを使ってシステムを構成するという意味の利用者は，図6.1でも図6.2でも構成要素に参加している．

6.1 クラウドを実現するハードウェア

6.1.1 クラウドデータセンターのハードウェア

　クラウドは，図6.1のように，計算エンジンである巨大なクラウドデータセンターをユーザが各種ネットワークを含むインターネットを介して，クラウド端末で利用するという形態をとるので，物理的な構成要素も，ユーザの身近なところからだと，1) クラウド端末，2) インターネット，3) クラウドデー

タセンターということになる．

クラウド端末は，現時点では，携帯電話やPC，iPadなど，インターネットにつなげて入出力できるすべての端末を指す．もうすぐ，Googleグラスなど，いわゆるウェアラブル端末が使われるようになるだろうし，自動車の中では，フロントガラスの一部に表示されるようになるのではないかという観測もある．将来的には，脳の中に埋め込んで，視野の中に表示することができるようになるのではないかとまで言われている．

インターネットについては，多くの文献でもとりあげられているし，5.2節でもクラウドを支える技術の一つとしてすでに解説した．本節では，クラウドデータセンターについて述べる．

クラウドデータセンターについての詳細な議論は [Datacenter as a computer] にも見られる．データセンターの外観は，さまざまで，いろんな写真や概念図，さらにはYouTubeなどの動画投稿サイトで内部の模様を見ていくことができる．

例えば，Google社のデータセンターについては，2012年10月に同社の公式サイト（http://www.google.com/about/datacenters/gallery/#/）に写真や動画を含めた詳細な情報がアップされて，世界的に報道され，話題になった（図6.3，6.4）．データセンターの内部をGoogle MapのStreetview機能を使って，見学することもできる（http://www.google.com/about/datacenters/inside/streetview/）．

図6.3 Googleデータセンターの内部（©Google）

図6.4　Googleデータセンター概観（©Google）

アマゾンのデータセンターについては公開画像はないが，報道されたものがある．例えば，Wired Newsには，図6.5のデータセンターの写真がある[Wired12]．

図6.5　アマゾンのデータセンター（Photo by Eric Hunsaker, under CC by 2.0, www.flickr.com/photos/eroc/5863167909/）

Microsoftは，2013年5月に日本にデータセンターを開設すると発表して話題になったが，データセンターの詳細についてはいまだ明らかにされてい

6.1 クラウドを実現するハードウェア

ない．2013年2月に，アイルランドのデータセンターを1.3億ドルかけて拡張すると発表したとき [Microsoft12]，図6.6のようなデータセンターの工事現場の写真を公開している．

図6.6 マイクロソフトのデータセンター

IBMもデータセンターをもっていて，図6.7のような写真がある．

図6.7 IBMのデータセンター

国内でも，IIJやさくらインターネットなどの事業者がクラウドデータセンターを運営している．IIJのサイト [IIJ13] では，図6.8のように，データセンターの見取り図も公開されている．

第6章 クラウドの技術要素

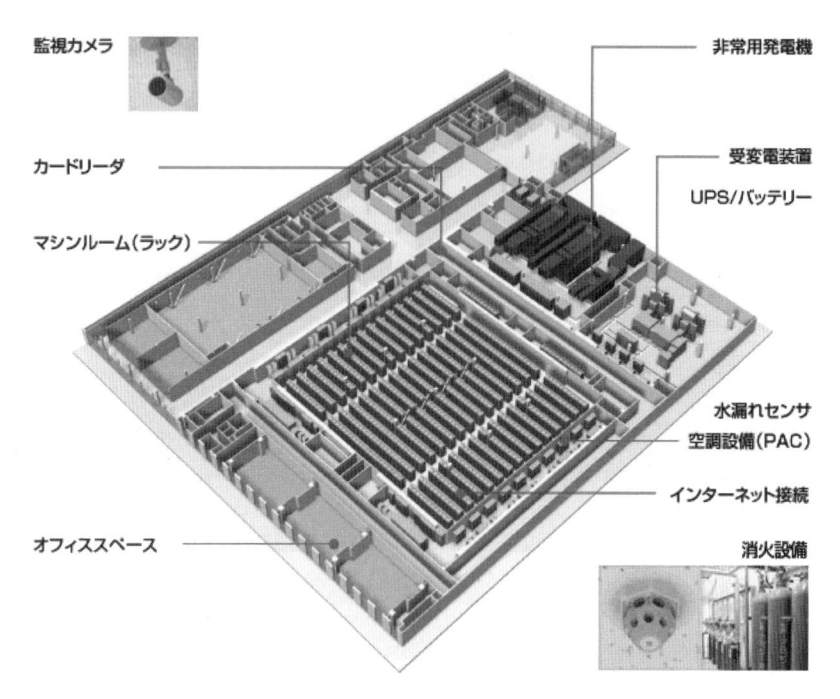

図6.8 IIJのデータセンターの見取り図

さくらインターネットは，北海道石狩市に自然空調や高電圧直流などを使ったデータセンターを2011年に開いている［さくら11］．図6.9のような外観をしている．

図6.9 さくらインターネットの石狩データセンターの外観

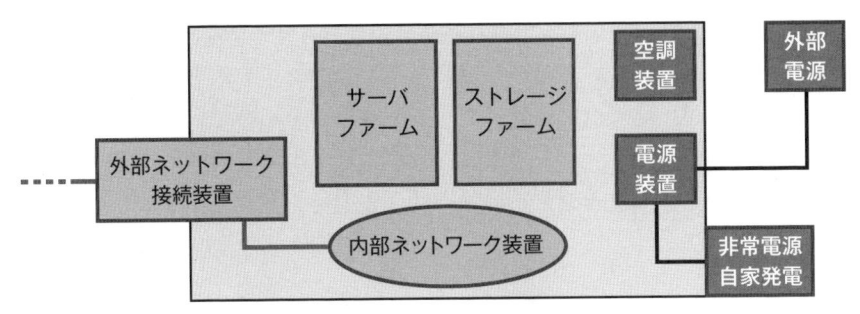

6.1 クラウドを実現するハードウェア

図6.10 データセンターの物理的構成要素

　さて，このようなデータセンターの目に見える物理的な構成要素は，図6.10のようにまとめられる．中心になるのは多数のサーバからなるサーバファーム（server farm）である．サーバの一つ一つは，最近ではブレード（blade）と呼ばれる，1枚の基板状のものにまとめられているが，それぞれは，パソコンやタブレット，あるいは，携帯電話でもおなじみのとおり，CPU，メモリ，ディスク（半導体ディスクやフラッシュメモリを含む）で構成される．サーバを保持する筐体であるラックに，それらのブレードを次々と挿入していくことによって多数のサーバを一つの筐体に格納してしまう．

　多数のディスク装置を束ねるストレージファームも同じようにして，構成されるが，ディスク群の制御装置があって，どれかのディスク装置に故障があっても全体としてのストレージは，正しい記録を保持していて，支障なく使えるようにしている．ストレージファームそのものも，多数のストレージ筐体から構成され，全体として膨大な量のデータの記録を可能にしている．

　サーバとストレージを相互に結ぶ内部ネットワークと，インターネットにつながる外部ネットワークを制御するルータ群が必要になる．さらに，サーバやストレージ，ルータを稼働させるために電源が必要で，電源を安定稼働するためのUPS（無停電装置）や緊急時用の発電機なども必要となる．

　また，通常は，これらの装置が稼働することにより膨大な熱が発生し，気温が高くなって，装置の誤作動や最悪の場合は火事などの危険があるので空調装置が備えられており，照明装置そのほかも備え付けられている．もちろん，図6.8のIIJのデータセンターの見取り図のように，作業者のためのオフィスのスペースも必要だし，6.3節のセキュリティでも述べるが，データセンター

81

に入れる人員をチェックするための職員証のカードリーダなども必要となる．

データセンターにおいて，一番重要な業務は，システムを無事に稼働させることであるが，現時点では省エネルギーが注目を浴びている．いわゆるグリーンITの目玉として，データセンターの省エネルギー指標，代表的なのがPUEであるが，データセンターの効率性，先進性を示すものとして受け取られている．

● コンテナ型データセンターモジュール

最近のデータセンターでは，国際的な流通に使われるコンテナを用いて，小型の(とは言っても大体1000台以上のサーバが収容される)データセンターモジュールを構成し，このコンテナを多数集積することで，大規模なデータセンターを作るという構築方法が一般的となっている．

図6.11に日本国内でIIJが開発したコンテナ型データセンターモジュールの例を示す．

図6.11 コンテナ型データセンターモジュールの例

コンテナ型データセンターが従来のデータセンターと違うところは，耐震性，セキュリティ，空調設備などという建築物としてのデータセンターが必要としていた要素を，コンテナという移動可能な空間に圧縮することによって，構築の容易性，構築および運用価格の低下，移動の簡便性，拡張の容易性などをとりいれたところである．例えば，コンテナの上部をとりはらって，空調装置による強制空調を一切行わないという方式でも運用されている．

コンテナ型データセンターは，特に3・11の震災後，その簡便性と移動性に着目された．2011年3月に，国土交通省が「コンテナ型データセンターのうち，稼働時は無人であり，機器の重大な障害発生時などを除いて内部に人が立ち入らないものについては建築物に該当しない」という通知を出すまでは，日本の建築基準法や消防法などの制限により，屋外でそのまま利用することができないこという問題があった．

この問題が解決されて，富士通など，国産メーカーもコンテナ型データセンターの開発にとりくみだした．

6.1.2 クラウドデータセンターの運用技術

データセンターには，物理的な要素だけではなく，ソフトウェア的な要素が必要となる．ソフトウェア構成については，データセンター側だけでなく，ユーザ側とも関わるので，次の6.2節「クラウドで使われるソフトウェア」で述べる．本項では，ソフトウェアといってもノウハウに近い運用技術について述べる．ただ，ここで述べておくべきは，クラウドデータセンターの傾向として，運用の自動化があることだ．ノウハウをソフトウェアシステムの形で，目に見える知的資産とする試みがなされている．このような動きの背景には，コンテナ型データセンターに見られるように，ハードウェア側の標準化，部品化が進みつつあることも承知しておいて欲しい．

● 運用の優先度

クラウドデータセンターの運用では，通常のデータセンターの運用とは異なる側面が重要となる．すなわち，優先度が異なってくる．クラウドデータセンターでは，環境負荷も考慮した包括的な全維持費用（TCO = Total Cost of Ownership）を低下させることが最優先事項となる．

通常のデータセンターでは，データセンターの継続的運用とデータ保全が最大の目標となるが，クラウドデータセンターでは，継続性とデータ保全は，群としての複数のデータセンター全体（InterCloudまで行かないが，一つのデータセンターが全責任をもつのではない）によって保証するので，個別のデータセンターでは，包括的なTCO削減を目標にすることができる．

もう一つ，課金の仕組み，コストに対する考え方が異なる．従来のデータセン

第6章 クラウドの技術要素

ターでは，費用として考慮していたのは，基本的にシステムのハードウェア・ソフトウェア・ネットワーク費用であり，これに人件費や電力その他費用を上乗せして，顧客に請求するというものだった．実際には，運用前に契約するので，費用はあくまで目安であり，もし，顧客がデータセンターをそれほど利用しなかったら，利益が上積みされるという仕掛けだった．

これに対してクラウドデータセンターでは，課金の仕組みが，特に，パブリッククラウドの場合は従量課金なので，もしもデータセンターの利用がなければ，収入そのものが入ってこなくなる．

一方で，費用のほうでは，包括的なTCOを考える．この方式では，電源・空調・人件費・CO_2排出量などまですべて考慮する．例えば，空調をしなくて済むなら，そのための電源や管理のための人件費，さらに空調に伴うCO_2排出まで下がるので，それだけで包括的なCTOは大幅に低下する．

また，データセンターの要素機器については，プロセッサ・ディスク（フラッシュメモリによるものも含む）・ルータなどの価格および電力消費量が，ムーアの法則に従って低減し続けているため，3年も経てば新製品と交換することで包括的なTCOを削減できる．従来のデータセンターの費用計算では，基本的に機器の費用しか考えないために，減価償却済みの設備を保持しようとするので，できるだけ長く使うというまったく異なる方向に設備管理が進む．

さらに，システム要素の故障に対する処置においても，通常のデータセンターでは，直ちに故障機器を交換して，運用に支障を来さないように努力するのが常であるが，クラウドデータセンターでは，故障した要素は，放置しておいても全体としての計算効率には影響が出ないため，故障が発覚した時点ではなく，定期的な巡回時にまとめて交換するという方式がとられている．この場合も，機器によっては部品ではなく全体を交換して，TCOの削減とともに交換の手間をできるだけ削減する．

クラウドデータセンターのエネルギー効率に関しては，次の6.1.3項「クラウドデータセンターの標準化と今後の動向」で述べるが，冷房を控えた高温での運用について一言述べておきたい．

●ハードディスクの高温運用

データセンターに限らず，従来のコンピュータシステムは，少し寒いぐらいの

恒温状態にしなければいけない，そうでないと故障が頻発するというのが常識だった．特に，ハードディスク装置について，そう考えられてきた．これが，データセンターにおいて，大量の電気を冷房に使用する一つの理由になっていた．

ところが，2007年にGoogle社の研究者が発表した論文[GoogleHDD07]で，10万台以上のハードディスク装置を調べた結果，35℃から45℃での故障率が低く，50℃の環境でも，故障率が20℃の環境より低いことが示されたのである．

これを契機として，データセンターの温度管理は，より省エネの方向に動き出した．重要なことは，この研究結果が発表されるまで，漠然と誰もが20℃ぐらいが最適だと信じていたことであった．

● キャパシティプラニング

最後に，キャパシティプラニングのことに触れておきたい．従来のデータセンターには，最適キャパシティという考えがあった．それ以上にデータセンター利用が進むと，様々なリスクが顕在化して運営が難しく，また，それ以下の利用では費用回収が難しくなるという線である．

パブリッククラウドのような複数のデータセンターを束ねる場合，課金の制度も違うので，キャパシティに関して言えば，常に，現在以上のキャパシティを追い求めるという姿勢になる．個々の機器の価格性能比が上がり，運用ノウハウが貯えられた，より効率的な運用ができれば，それだけキャパシティも上がるし，売上利益が増える．

クラウドが導入されたときにその料金の安さから，本業が別途あるから，こんなに安い料金でやっていけるのではないかという見方が多かった．しかし，現在では，アマゾンでもマイクロソフトでも，クラウドサービス自体が黒字なのだという話を聞く．その原因の一つは，このようなキャパシティプラニングに端的に現れる効率化への飽くなき意欲と，それを引っ張っていく課金体系，内部の評価体系だと考えられる．

常に，より多くの顧客により多く使ってもらわないといけないという課金体系は，地球の人口が有限なのでどこかで頭打ちになるとは思うが，それでも，現在の携帯電話，スマートフォン，タブレットの利用数の増加や，5.2節「インターネット技術」で述べた，モノのインターネットなど，いまだ利用

が増える余地があることを考えれば，当分の間は成長が見込める．

　従来型の，一つ一つのデータセンターを独立に運営する方式では，利益の極大化を考慮した途端に，平衡点が見えて，その維持に追われ，結果的に競争力を失うだろう．さらに，この点について，電気・ガス・水道・道路などといった社会インフラストラクチャの課金と費用を考察したときに，これもまた，クラウドデータセンターのような，利用量の拡大を狙った運用施策がとりにくいことがわかる．

　これらの社会インフラを支える従来の機器や技術の多くは，ムーアの法則を反映しない．情報処理資源と違って，グローバルに負荷分散をすることができない．どれも，その利用範囲が限定され，地域的な制約を受けるので，最適な利用量が決まってくる．クラウドデータセンターのような，利用率をさらに上げようというインセンティブが働かない．

　この意味では，クラウドというのは社会インフラとしても極めてユニークな位置を占めるということがができそうだ．この意味では，クラウドデータセンターの運営が今後どのようなものになるか注目していきたい．

6.1.3 クラウドデータセンターの標準化と今後の動向

　クラウドデータセンターでは，エネルギー効率が重要視されており，従来は，

$$PUE = \frac{データセンターの全使用電力量}{データセンターの計算に使用する電力量}$$

という指標が，その評価に用いられてきた．しかし，こう定義したPUE指標は，あまりにも少ないデータを使っていて誤解を生みやすいとか，クラウドデータセンターでの全エネルギー使用を抑える試みにそぐわないとか様々な批判があった．

　本項では，2012年10月に日本の社団法人電子情報技術産業協会（JEITA）で開かれた国際会議（Global Harmonization of Data Center Energy Efficiency Measurements and Metrics）で合意され，ISO/IEC JTC1 SC39で国際標準規格作りが進行しているDPPE（Datacenter Performance Per Energy）を紹介する．ついでに，クラウドデータセンターでの標準化と今後の動向についても述べておこう．

● DPPE の国際合意について

　日本のグリーンIT推進協議会が発表した文書［グリーンIT推進協議会12］によると，この国際会議には，日米欧のグリーンIT推進団体と政府関係者が集まり，データセンターの環境性能を測る指標について会議を行って，データセンター効率評価の総合的な体系として，DPPE（Datacenter Performance Per Energy）の採用に合意したということである．

　日本以外の出席団体は次の通りとなっている．
- 米国グリーングリッド（The Green Grid（TGG））
- 米国環境保護庁（United States Environmental Protection Agency（EPA））
- 欧州委員会（European Commission（EC））
- 英国IT協会（The Chartered Institute for IT（旧名：British Computer Society（BCS）））

　本項の議論の前提としては，データセンターでのエネルギー消費が今後とも増大するのではないかという懸念があることと，クラウドデータセンターにおいて，このエネルギー消費量の削減が再優先の努力目標となっており，同時に，顧客に対しても，エネルギー消費量の小さいことが営業上も重要な指標となっていることがあげられる．もちろん，各国政府もこのような努力を奨励する立場にあるので関心をもっているということがある．

　もう一つの前提は，すでに述べたPower Usage Effectiveness（PUE）という指標についての議論である．PUEの定義は，データセンターの全使用エネルギー量を，データセンターの情報処理に使用したエネルギー量，すなわち，ICT機器の消費したエネルギー量で割ったものというのが一般的な定義である．ちょっと前までは，この「エネルギー量」は，電力使用量が使われていた．

　問題点の第一は，PUEは，本来業務の情報処理以外にどれだけ余分なエネルギーを使ったかを示すもので，分母のICT機器の消費量が大きいほうが，見かけ上，よく頑張っていることになってしまうという不都合のあったことである．問題点の第二は，グリーンエネルギーや，排熱利用などで，全使用エネルギー量を削減したときにどう評価するかが曖昧だったことである．

　もっと全体的なデータセンターのエネルギー効率を測るにはどうすればいいかということなのだが，ここでは，［グリーンIT推進協議会12］で合意し

たDPPEの解説をすることで，現在どのような考え方がなされているかを紹介しよう．ただし，［グリーンIT推進協議会12］には，DPPE自体の記述がないので，グリーンIT推進協議会が2012年3月に発行した「新データセンタエネルギー効率評価指標 DPPE（Datacenter Performance per Energy）測定ガイドライン」［DPPE12］の記述を参考にした．

　このガイドラインによると，DPPEは，次の四つで構成される．すなわち，IT機器効率指標(ITEU)，IT機器エネルギー効率(ITEE)，PUE，およびグリーンエネルギー効率(GEC)であり，次の式で計算される．

$$DPPE = ITEU \times ITEE \times \frac{1}{PUE} \times \frac{1}{1-GEC} \qquad (1)$$

　この式では，すべてが掛け算になっているが，割り算も入れてわかりやすく書き直せば次のようになる．

$$DPPE = \frac{ITEU \times ITEE}{PUE \times (1-GEC)} \qquad (2)$$

　ここで，PUE以外を説明しよう．

　ITEU（IT Equipment Utilization）は，IT機器の総消費エネルギーをIT機器の総定格消費エネルギーで割ったものである．定格消費エネルギーは，定格電力に相当するもので，これぐらいまでは使うかなという最大許容値である．実際の運用を効率化すれば小さくなるから，この値は，普通は1より小さい．

　ITEE（IT Equipment Efficiency）は，IT機器の総定格能力をIT機器の総定格仕事率（電気なら定格電力）で割ったものということで，この総定格能力が，いまだ国際的な標準がなくて計算するのが難しいという説明がある．IT機器を，サーバ，ストレージ，ネットワークという標準的な構成にしたとき，

$$IT機器の総定格能力 = \alpha \times サーバ総能力（GTOPS）$$
$$+ \beta \times ストレージ総能力（Gbyte）$$
$$+ \gamma \times ネットワーク総能力（Gbps）$$

という式が与えられ，この能力の代わりに，省エネ法で規定されているエネルギー消費効率の数値を用いることができるとただし書きがある．

　グリーンエネルギー利用率（GEC）は，再生可能なグリーンエネルギーの量

をデータセンターの総消費エネルギーで割ったものである．1 − GECは，旧来のエネルギー比率を示す．

ここで，再び，（2）の式に戻って，各要素の定義をばらして，計算を行うと次のようになる．

$$\text{DPPE} = \frac{\dfrac{\text{IT機器の総消費エネルギー}}{\text{IT機器総定格エネルギー}} \times \dfrac{\text{IT機器の総定格能力}}{\text{IT機器の総定格仕事率}}}{\dfrac{\text{データセンター総消費エネルギー}}{\text{IT機器の総消費エネルギー}} \times \dfrac{\text{旧来のエネルギー量}}{\text{データセンター総消費エネルギー}}}$$

$$= \frac{(\text{IT機器の総消費エネルギー})^2 \times \text{IT機器の総定格能力}}{(\text{IT機器総定格エネルギー})^2 \times \text{旧来のエネルギー量}} \quad (3)$$

とまとめることもできる．

これを見ると，IT機器の消費エネルギーを減らすことが大きく寄与すること，グリーンエネルギーの導入が大きく寄与するのと，あとは，機器の能力増強ということになる．

もっとも，このようにまとめないで，（1）の式を，前半のITEUとITEEがIT機器関係，後半のPUEとGECをデータセンター全体のことと捉えることもできる．この捉え方で，DPPEの狙いをまとめた図が［DPPE12］に掲載されていたが，わかりやすいので図6.12として引用しておく．

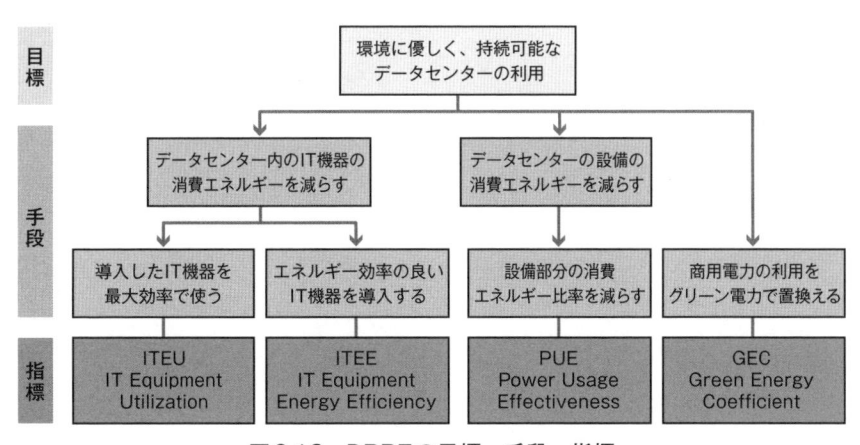

図6.12　DPPEの目標，手段，指標

第6章 クラウドの技術要素

グリーンIT推進協議会文書［グリーンIT推進協議会12］には，エネルギー再利用係数（ERF）やカーボン利用効率（CUE）なども記載されていて，二酸化炭素排出量を減らしたという実績をどう計測するかが議論になったことが伺える．

● データセンターに関する標準化

本項の初めに，「DPPEについて，ISO/IEC JTC1 SC39で国際標準規格作りが進行している」と書いた．ここで，標準化について触れておこう．標準（具体的な個別の標準のことは規格とも呼ぶ，英語はともにstandard）には，大きく分けると，ある種の法制化というか正規手続きを踏んで決められるもの（de jure標準と呼ばれる）と，勝手に決められたもの（de facto標準と呼ばれる）に分類される．ISO，IEC，ITUという三つの国際機関が，国際的なde jure標準を発行しており，クラウドも含めた情報通信分野においては，ISO（国際標準化機構）とIEC（国際電気標準会議）とが共同で，JTC 1（Joint Technical Committee 1）という組織を作って，国際標準の作成や管理をしており，そのSub Committeeの39番が，このデータセンターに関する標準に関する委員会となっているのである．

ちなみに，ISO/IEC JTC1 SC39の委員会名は，「Sustainability for and by Information Technology（情報技術の持続可能性）」であり，現在，データセンターに関連して，三つのプロジェクト（用語および成熟モデル，重要業績評価指標第1部 概観と全体要件，重要業績評価指標第2部 PUE），IT持続可能性に関して，一つのプロジェクト（エネルギー効率のよいICTプロトコル開発のためのガイダンス）が走っている．

このデータセンターの効率指標であるDPPEを国際標準にする理由は何なのだろうか．理由は，指標を比較して意味があるようにするには，国際標準にするのが手っ取り早く，また，実効性が高いということにある．

量りや巻き尺のような計測の標準化は，標準の中では，一番進んだ分野であり，国際標準で定められているから，1 kgの重さが，地球上のどこでも同じであり，1 mの長さがどこでも同じなのである．このような国際標準のなかった時代，同じ長さや同じ重さを得るには，自分で量りとる以外に方法がなかった．ネジやナットのようなものすら，標準がなかったら，交換するこ

とができなくなってしまう．

　データセンターのエネルギー効率性を測るDPPEも国際標準にすることによって，世界中のどこでも通用し，正当に比較できるようになる．また，この国際標準を作成する委員会が，国際的な専門家が参加して行うために，各国でそのような標準の妥当性の検討ができる．委員会の運営は最終的には多数決で物事を決めるのだが，国際標準を決めるプロセスでは，全員の合意（コンセンサスと呼ぶ）が尊重されるので，このような委員会で標準が決められれば，それが各国で使えるように環境が整うことも期待できるという利点も期待される．ただし，これには，時間がかかる．数年かかるということも珍しくはない．

● **標準化における de jure と de facto**

　若干，横道にそれるが，標準化において，de jure標準とde facto標準との使い分けについて述べておこう．日本が2013年現在とっている戦略が，きっと参考になるはずだから．de jure標準は，ISOやIECで採用され，各国が正式に採用するので，ある種の強制力が生じる．それに対して，de facto標準は，事実上の標準として現在使われているだけなので，厳密な意味の強制力はない．

　しかし，de jure標準の開発と採用には，手間隙がかかる．参加者の合意をとらなければいけないからである．それに比べれば，de facto標準は，そういう面倒なことを省略して構わない．結果的に，どれだけ普及するかが決め手なので，de facto標準で良いのだという選択もありということになる．

　日本のDPPEの標準化では，グリーンIT推進協議会がde facto標準としての普及を狙いつつ，ISO/IEC JTC1 SC39でde jure標準を作るという作業を進めている．SC39では，合意を重んじて，詳細にはこだわらない方針をとっている．標準というものが，実際に広く採用されて初めて役立つことを考えると，このように，de facto標準とde jure標準とを両方共に進めるというのも意味のある活動なのだ．

　さて，クラウド全体に関して言えば，次の節のクラウドのソフトウェアやセキュリティに関しても，特に，相互運用性の観点から標準の策定が望まれているところがある．例えば，マシンイメージの標準化である．それができ

れば，あるクラウドのマシンイメージをほかのクラウドにもっていって動かすことが可能になり，クラウドのベンダーロックインから解放される．しかし，このような標準化に関する動きはいまだほとんどないのが実情である．

● クラウドデータセンターの今後の動向について

　クラウドデータセンターは，クラウドの構成要素の中でも，もっともクラウドらしい要素であり，高温でのハードディスク装置の故障率が少ないことの発見やら，コンテナ型のデータセンターの開発など，様々な研究開発が行われてきたところである．

　クラウドデータセンターの今後の動向の中で，一つの方向は，地域性の見直し，もっと踏み込んだ言い方をすれば，より地域に根ざしたデータセンターの開発と運用だろう．

　クラウドデータセンターは，当初から，インターネットの特長である，場所を超えて，グローバルに利用できるという利点が強調されてきた．その光景は，かつて1960年代に，IBM社長のトム・ワトソンが言ったという，「大型コンピュータは，世界に5台もあれば十分だ」という世界が再来するかのようであった．

　しかしながら，ここ2,3年の動きは，むしろ顧客に近いところにデータセンターを作ろうとしているようである．コンテナ型のデータセンターなどは，そういう小規模のデータセンターの開設を容易にしていると見ることもできる．

　データセンターがこのように顧客に近い場所で，多数開設されるとすれば，プライベートクラウドとパブリッククラウドとの距離感も変わってくる可能性がある．特に，地域をベースにしたコミュニティクラウドを考えたとき，そのような地域密着型のデータセンターには，また新たな可能性が出てくるように思える．

6.1.4 クラウド端末（クラウドデバイス，スマートデバイス）

　クラウド端末という言葉は，まだあまり一般的にはなっていない．クラウド専用の端末というものが，そもそも考えられないというのが理由だろう．ここでは，「クラウドを使う利用者が一般に使う端末」という広い意味でクラウド端末という言葉を使う．2.3節では，クラウドデバイスという用語で，技

術面を広く論じた.

 クラウド端末が重要なのは，インターネット，電話網，TVやラジオの放送網などが，これから融合する方向に向かっており，それらをまとめて「クラウド」と呼べるようになる可能性があるからだ.

 現在，Apple社のiPhoneに代表されるスマートフォンや同じくApple社のiPadに代表されるタブレットなど，携帯電話とPCの一部機能とを兼ね備えた，スマートデバイスと総称される端末が話題になっている. 呼び名が,「スマート」になっているのは，広告宣伝というもくろみもあるだろうが，利用者の使用感，従来のものとはどう違うのかという感覚を言い表している. 要するに，クラウド端末の魅力は，従来のPCのような性能重視の重量感ではなく，持ち運んで人に見せびらかせることができるようなスマート感だということだ.

 将来のクラウド端末は，今のスマートデバイスがさらに進化したものだろうと見られている. そのような将来の世界では，端末がこれまでのような，インターネット用，携帯電話用，TV放送用というように，メディアによってわかれるのではなく，利用シーンによって異なる端末が用いられたり，複数の利用シーンからなる利用シナリオに応じて最適な利用ができるものとなるだろう.

 医療技術がさらに発展すれば，究極のクラウド端末として，人間の身体機能そのものが用いられるというSFのような観測もある. あるいは，これもSF的だろうが，あらゆる壁がディスプレイ端末になり，ユーザ認証さえできれば，手近の壁面を使って，必要なコミュニケーションをいつでもとれるようになるという可能性もある.

6.2 クラウドで使われるソフトウェア

 図6.2「クラウドのソフトウェア構成」で示したように，クラウドで使われるソフトウェアには，いろいろなものがあり，きれいに切り分けて説明することは意外と難しい. ここでは，まず，クラウドデータセンターで使われるソフトウェアをとりあげ，次に，IaaSやHaaSの利用者が資源の割り当てに使う，クラウドコントローラと呼ばれるソフトウェア，それから，利用者が大量の並列処理をクラウド上で実現するためのソフトウェアツール，最後に，

データベースについて述べる．セキュリティもソフトウェアが主役ではあるが，次の6.3節でまとめて説明する．

なお，ハードウェアについては，「クラウドを実現するハードウェア」という見出しにしたが，ソフトウェアについて，「クラウドを実現する」というと，範囲が狭くなり，MapReduceやHadoopのような，話題になっているソフトウェアを含められないので，見出しを変えた．クラウドは，その上で情報処理をするためのインフラだから，ソフトウェアもまた，インフラを構築するだけでなく，その上の情報処理を支援する役割をも担う．

6.2.1 クラウドセンターで使われるソフトウェア

クラウドセンターでは，膨大な個数のサーバ上で，世界中の利用者のプログラムが実行されている．その実行のためには，それらのサーバ上でクラウドを実現するオペレーティングシステム（OS）が稼働している．このOSは，クラウド上に利用者向けの仮想マシン（VM）を作り出し，利用者があたかも自分の手元でコンピュータシステムを使っているかの感触を与えられるような機能を備えている．

サーバだけでなく，ストレージシステムや外部ネットワークを管理するルータ群なども仮想化され，クラウドでの利用が円滑に行われるように，その上の管理ソフトウェアが組み込まれている．

これらの仮想化技術については，5.1節「仮想化技術」で述べた．

クラウドセンターでは，さらに機器の状況を監視して様々なデータをとったり，送ったりするためのソフトウェアが働いている．

6.2.2 クラウドコントローラ

クラウドの最も魅力的な側面は，その場で好きなだけ計算資源を揃えられることにある．しかも，これは，従来のように，どこかの業者やセンターに電話して「これこれのシステムを揃えてください」と依頼するものではなく，「クラウドコントローラ」とか「クラウドインタフェース」と呼ばれるソフトウェアを介して行われる．実際の作業は，ウェブの画面などで，必要な資源を選択し，しかるべき認証を受けるようになっている．

このようなコントローラは，Amazon，Google，Microsoftなどのクラウド

サービス提供者のサイトでも提供されているし，IBMやNEC，SCSKのようなプライベートクラウドまたはハイブリッドクラウドの構築を支援するベンダーからも提供されている．また，オープンソースのEucalyptus (http://www.eucalyptus.com/) のようなツールも入手できる．

一つのポイントは，ネットワークの仮想化 (5.1.2項「コンピュータの資源の仮想化」参照) なので，例えば，次世代ネットワークの一つとして注目を浴びているOpenFlow ［OpenFlow13］などが，どのように普及するかということによって，このコントローラの構成は，今後とも変化していくことになる．

6.2.3 並列処理を実現するソフトウェアツール

クラウドが開けた可能性の一つは，短時間であるなら大規模並列処理を妥当な価格で実行できることにある．これは，従来なら，スーパーコンピューターを使うことのできる一握りの人にしか可能でなく，莫大な費用がかかるものだった．

クラウド以前に，大規模な並列処理を実現するには，大規模な計算資源を手元にもたなければならなかった．それは，レンタルするにしても途方もない資金が必要となることが明らかだった．唯一の例外は，1999年から始まったSETI@homeというPCネットワークプロジェクトである．これは，当時はそれほど普及していなかったインターネットに自宅などのPCを接続してもらい，その空き時間を利用して，電波望遠鏡のデータを解析して，地球外生命体 (ETI) からの信号がないかどうかを探すというものだった．これには，最盛時，100万台のコンピュータがつながっていたと言われている．これは，ボランティアコンピューティングという仕組みで，ある作業にネットワークを介して，ボランティア参加するものだったから，費用を考えずに済んだ．

クラウドのような安価な時間課金と，クラウドを支える地球規模のデータセンターのネットワークは，従来は，普通の人や団体には不可能だった並列処理の機会を与えてくれた．

さらに，クラウド以前は，そのような並列処理を行うためのソフトウェアツールもほとんどなく，自作しなければならない場合が多かった．しかし，クラウドで一般的な並列処理を支援するものとしては，MapReduceやHadoopなどというツール，さらにSawzallのようなプログラミング言語まで

作られるようになった．これらのソフトウェアの基本的な仕組みについて，学んでいこう．

6.2.3.1 大規模並列処理について

具体的に，個別の事柄に入る前に，大規模並列処理全般について，歴史的なことも含めて解説をしておきたい．コンピュータ技術には，並列処理ということに関して，結構興味深いことが起こっている．

まず最初に，大量の仕事をこなすためには，複数でやればいいというのがはるか古代からの常識だったということを思い出そう．ピラミッドの建造から，城の石垣や教会の建築まで，どれだけたくさんの人を働かせるかが問題だった．

計算作業も同じことで，かつては，コンピュータというのは，計算する人のことで，コンピュータルームとは，そういう計算する人がたくさん集まって計算する場所のことを指していたという話がある．

現在の電子式のコンピュータは，処理速度が高速なために，多数の人よりもずっと速く計算をこなせるようになった．この遅い計算機を複数集めて計算させるよりも，速い計算機1台で高速に計算させたほうが効率がよいという時代は，つい最近の2000年頃まで続いていた．

例えば，1980年代に，これ以上の高速化は難しいから並列処理にとり組むべきだという意見が学界を中心にして起こり，日本政府の第五世代コンピュータプロジェクトでも，並列処理が一つの目標として精力的に研究開発が行われたが，残念ながら，80年代に成果が製品として活かされることはなく，1990年代の市場の製品は，当時は，RISCアーキテクチャと呼ばれた，コンパイラを活用した高性能プロセッサで占められた．

当時，第五世代プロジェクトで，並列処理の研究開発をしているグループを外側から見ていて気になっていたのは，並列にするために手間を掛け，結果をまとめるためにも手間をかけていて，しかも並列にするのが，内部ネットワークでタスクをばらして渡すだけなので，とても超並列に対応できるように思えなかった．手堅い方式ではあったが，革命的ではなかったという印象をもっていた．

インターネットの時代は，素子としてもCPUの高性能化がエネルギー消費

量の観点から壁にぶつかったところで，一方では，信じられないぐらい大量のデータが生み出され，その処理が希少価値をもつようになったとまとめることができる．

　GoogleのMapReduceの詳細を初めて聴いたのは2008年の春，今はもう存在しない日本IBMの大和の研究所だったが，そのときに感じたのは，これこそが，1980年代に我々が求めるべき並列処理だったのではないかということだった．

　コンピュータの基本的な動作モデルは，コンピュータの原型ができてから70年近くたった今もチューリングマシンであり，フォン・ノイマン型コンピュータである．つまり，基本的には，並列処理は組み込まれていないということだ（だから，基本が並列処理である量子コンピュータに注目が集まっている．しかし，量子コンピュータは，汎用チューリングマシンではない）．

　基本要素に並列処理が入っていないときに，並列処理をどう考えるのかという問題に対するGoogleの回答は，見事なまでに応用指向，すなわち，データ並列にどこまで対応するか，応用面からの性能を満たすためにどのような並列処理をするかということに焦点を絞ったものだった．

　しかも，MapReduceのモデルは，1980年代に，関数型プログラミングというモデルに集約されていたものとみなすことができる．この当時の議論は，[渕86]に比較的わかりやすくまとめてある．

　第五世代コンピュータプロジェクトについてはいろんな議論があるが[黒川09]，並列処理に関しては，もっと基本的なアプローチから議論すべきだったように思う．これも日本の組織の常だが，縦割りで十分な議論ができなかったのは惜しい．データ並列に関しては，インターネット紀元前の当時，具体的な応用のアイデアが乏しかったのは確かで，そもそも前提が間違えていたという指摘もある[林10]ので，難しいところだが，枠組みの整理ができていれば，その後の日本でのクラウドの発展にもう少し寄与できたのではないかと勝手に思っている．少なくとも，当時の並列処理の担当者たちが，MapReduceなどの並列モデルをどう評価しているかは聞きたいところなのだが，寡聞にして聴いたことがない．

　現在は，ビッグデータが過剰と言ってもいいぐらい話題になって，このような大規模なデータ処理をどうするのかが話題になっているけれども，いずれは，インターネット由来の大量のデータ処理が，ごく普通の処理になるはずだ．

6.2.3.2 MapReduce

MapReduceは，Googleで開発されたプログラミングフレームワークである．名前は，Lispなど関数型のプログラミング言語がもっている，引数に処理を分散適用するmap関数と，複雑な引数を簡約するreduce関数とによる．

MapReduceは，Jeffrey Dean と Sanjay GhemawatによるMapReduce: Simplified Data Processing on Large Clustersという論文 (OSDI'04: Sixth Symposium on Operating System Design and Implementation, San Francisco, CA, December, 2004で発表された．Googleのサイトhttp://research.google.com/archive/mapreduce.htmlから論文の写しを入手できる) で初めて正式に紹介された．

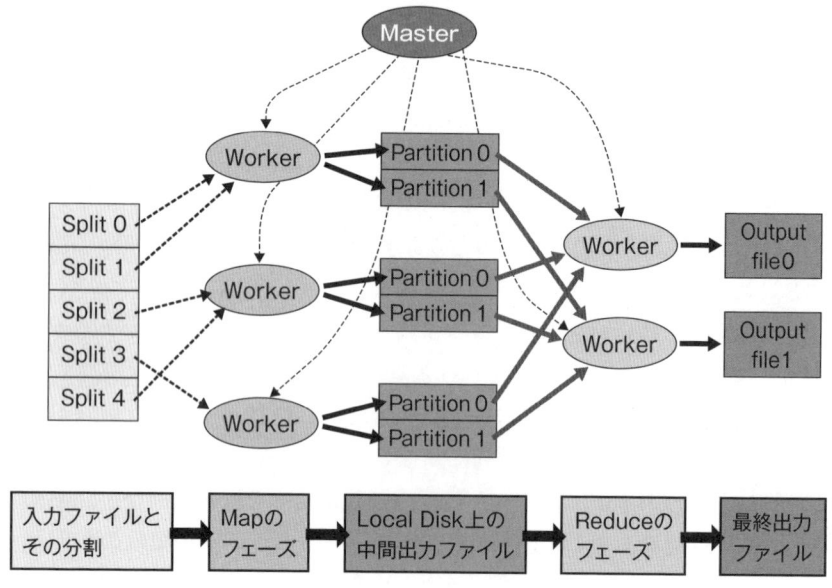

図6.13 MapReduceの働きの概念図 [丸山12]

図6.13は，この論文にあるFigure 1を一部翻訳して見やすくしたものだが，MapReduceが，Mapのフェーズでは，ファイルの内容にそれぞれ並列に処理をしたあとで，その結果を中間出力ファイルに吐き出し，それをReduceのフェーズで最終出力にまとめる．この流れそのものは，並列処理で昔から使われてきたFolk-Joinと同じだ．Folkで，複数の並列プロセスが起動し，

Joinでそれらが集結して結果をまとめる．第五世代のプロジェクトでも散々使われてきたはずのもので，何がこれまでと違うのだろうか．全体の制御をマスターと呼ばれる一つのプロセスが見るところもそっくりではないか．

違いはMapフェーズの処理対象が，膨大な（おそらくは百万個以上の）キー・値の対からなる集合というところにある．MapReduceは，制約された並列処理だが，各段階の処理は，まったく並列に行われるため，並列性の程度を高めること（スケールアウト）が容易である．一部のノードで故障が発生した場合でも，ほかのノードでその処理を行って，全体の計算を円滑に進めることができる．

従来のFolk-Joinの発想では，Folkにせよ，Joinにせよ，手間隙がかかるので，処理単位がある程度の大きさをもつ粒度になる傾向があった．MapReduceが対象にしている，キーバリュー対に対する比較的単純な操作をMapするという粒度にまでは達していなかった．

その意味では，本質的なところは，膨大なキーバリュー対を処理するというデータ並列中心の概念だと言えるし，それが，Google検索のPageRankを巨大行列を使って計算するというアプリケーションから生じていることを考えると，改めて，インターネットの巨大さに感銘を受けざるをえない．

6.2.3.3 ファイルシステムとストレージシステム—GFSとBigTable

ソフトウェアツールというカテゴリの中に，ファイルシステムやストレージシステムが来ると違和感を覚える人もあるだろう．実際に解説するのは，Googleの分散ファイルシステムGFSと分散ストレージシステムBigTableなので，この名前を見れば，ソフトウェアツールと呼んでもいいと思ってもらえるかもしれない．

筆者も1980年頃のデータベース開発プロジェクトで，まず最初にファイルシステムの開発から始めた経験があるが，コンピュータシステムでデータを扱うには，今どき，ファイルシステム抜きにはどうしようもない．スイカやパスモなどといったICカードでも，ファイルシステムが装備されており，そのための標準規格が用意されている [JIS6319]．

ファイルシステム，ストレージシステムは，ハードウェアとも密接に関係している．特に，初期のコンピュータのファイルシステムでは，例えばハー

ドディスクの特性に合わせて，データレコードのサイズなどを決めていた．さらには，ファイルのアクセス命令の発行から，実際にデータが読み込まれるまでの時間を利用して，別の処理を行うなどという細かい制御がなされた時代もあった．しかし，現在では，ハードウェアの進歩もあり，ソフトウェアの都合でファイルシステムを決めれば，それに合わせてハードウェア側で調整することが可能になっている．その意味で，ファイルシステムもストレージシステムもソフトウェアツールと見なすことができるようになっている．

　さて，ここでとりあげるのは，クラウドシステムで可能となる大量のデータを扱うことのできるファイルシステムとストレージシステムで，まずGoogleのGFSとBigTableを扱うが，それらについて述べている論文の題名には，「分散(distributed)」という形容詞が付いている．

　さきほどのMapReduceでのポイントは，並列処理だった．今回も同じく並列処理なのだが，ファイルやストレージでは，分散という言葉がよく使われる．分散システムとは何かについて説明しておこう．

● **分散システムと集中システム**

　分散システムに対となるのは，集中システムである．普通のコンピュータシステムは，集中システムだと思っていい．CPUがあり，メモリがあり，ディスクがある．ノートPCを見ればわかるように，全部がひとまとめになっていて，それだけで作業ができる．

　分散システムは，構成要素が，空間的に分散している．クラウドのシステムが分散システムとして代表的なものだが，ネットワークコンピューティング(2.2.1項)も分散処理だった．

　ファイルシステムやストレージシステムが分散だということは，ディスクが分散していること，データがあちらこちらにあることを示している．そして，バラバラに分散しているから，膨大な量を取り扱うことができる．集中した場所では，その容量で押さえられるから，それを超える膨大な量を保持するわけにはいかない．

　一方で分散システムには，集中システムと比較して，全体としての整合性をとるための手間がかかることや，どこかでデータの欠損が生じる危険性がある．

6.2 クラウドで使われるソフトウェア

● GFS の内容

GFSの全体像は，論文［GFS03］のFigure 1を次の図6.14に示すが，既存のLinuxファイルシステムを使ったGFS chunkserverが多数用意されており，これらをGFS Masterが管理して，GFSを構成する．

GFS Architecture

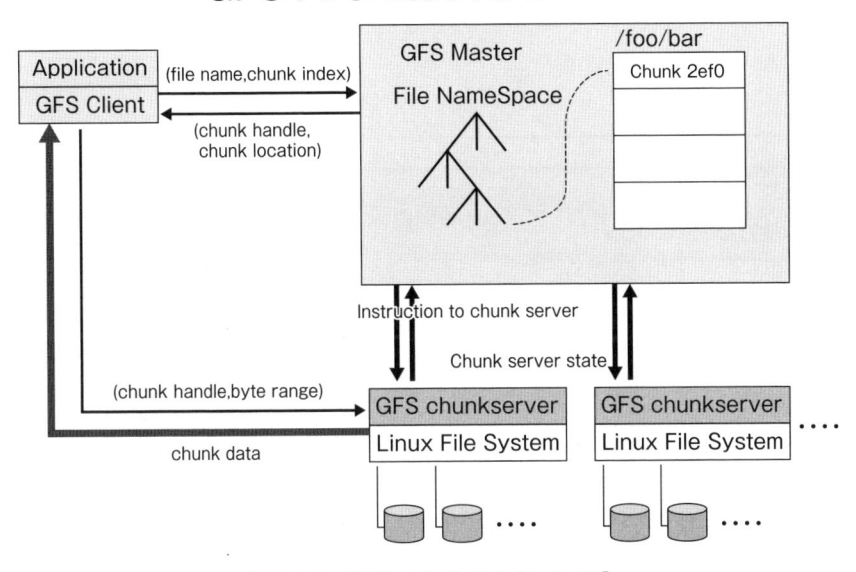

```
Application      (file name,chunk index)      GFS Master              /foo/bar
GFS Client    ←─────────────────────────→    File NameSpace           Chunk 2ef0
              (chunk handle,
               chunk location)

                                    Instruction to chunk server
                                    Chunk server state
       (chunk handle,byte range)
                              →    GFS chunkserver        GFS chunkserver     ....
          chunk data               Linux File System      Linux File System
```

図6.14　GFSの全体構成［丸山12］

図6.14からもわかるように，GFSは，既存のファイルシステムの上に構築されているので，まったくソフトウェア的なファイルシステム構成であり，これでペタバイトスケールの容量と，2GB/sの高速入出力が可能となっている．

● BigTable の内容

BigTableについては，論文［BigTable06］に説明があるが，大規模な「構造化データ」からなる「ストレージシステム」である．ここでの「ストレージ」システムは，5.4節「素子技術」で述べた，ハードウェアを中心とするストレージではない．BigTableでの「ストレージ」は，GFS同様にソフトウェアによって実現されている．

101

次に，「構造化データ（structured data）」も，非構造化データと対照される，一般的なRDB（関係データベース）を構成する構造化データではなく，(row:string, column:string, time:int64) ->stringという極めて限られた構成のデータモデルなのである．厳密に言えば，このあとに述べるキーバリューストアの一種とみなすべきだろう．

BigTableの概要は，図6.15にまとめられる．

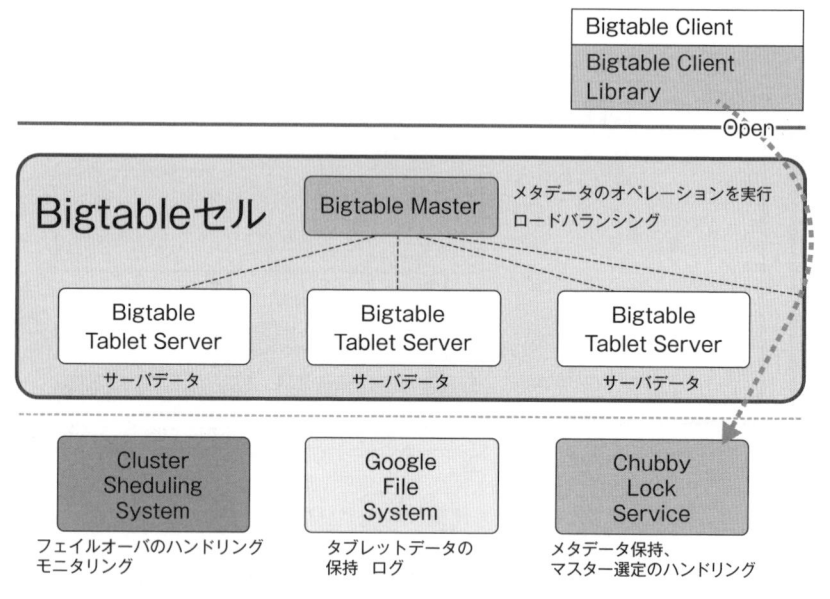

```
Bigtable Client
Bigtable Client Library
                                                        ─Open─

Bigtableセル    Bigtable Master   メタデータのオペレーションを実行
                                  ロードバランシング

Bigtable         Bigtable         Bigtable
Tablet Server    Tablet Server    Tablet Server
サーバデータ      サーバデータ      サーバデータ

Cluster          Google           Chubby
Sheduling        File             Lock
System           System           Service

フェイルオーバのハンドリング  タブレットデータの     メタデータ保持，
モニタリング                  保持 ログ             マスター選定のハンドリング
```

図6.15 BigTableの構成 ［丸山12］

図6.15からわかるように，BigTableの実際のデータ内容およびログは，GFSで保持されている．データのテーブルは，タブレットと呼ばれるChubbyファイルにまとめられている．それぞれのタブレットは，BigTableタブレットサーバによって管理され，構造化データのメタデータを含めたデータを管理する．

BigTableマスターは，これらのタブレットサーバのロードバランス（負荷平衡）の面倒を見る．

● GFS2 と BigTable の改良

2009年7月にGoogle社のクラウドサービスを提供するGoogle App Engine

で大規模な障害が起きた [GAE0907]．これは，GFS Master Serverのバグに起因するものであり，GFSの構成を見てもわかるように，1台のマスターに制御が集中する方式の弱点を露呈した．

これを受けて，Google社は，単一マスターを用いたGFSを，複数マスターの分散システムを用いたGFS2へ変更し，BigTable上にトランザクションなどの処理を支援するMegastoreというモジュールを追加した．

6.2.3.4 Hadoop

MapReduceは，Googleが開発したGoogle File Systems（GFS）に基づいており，Googleのクラウドでしか使えない．これに対して，Hadoopは，Apacheオープンソースプロジェクト（http://hadoop.apache.org/releases.html）の一つであり，HDFSというHadoop独自のファイルシステム，Amazonが提供するS3ファイルシステム，さらにより一般的な分散ファイルシステムで，上述のMapReduce並列処理フレームワークを実行することができる．

例えば，アマゾンのクラウドサービスでは，Hadoopを利用することができる．IBM，NTT Dataなどのベンダーでも Hadoop支援を行っている．

6.2.4 データベースとキーバリューストア

並列処理のソフトウェアツールとしては，キー値対をベースにしたBigTableや，そのオープンソースであるHadoopが注目を浴びて，あたかも，従来のデータベースは不要になるかのような論調が見られたこともあった．しかし，第7章「クラウドデザインパターン」を見てもわかるように，クラウドでも，データベースが必要になることがある．

これらのクラウドのデータベースを支えるファイルシステムは，6.2.2.3目で述べた複数のクラウドセンターにまたがった分散ファイルシステムになる．分散ファイルシステムには，GoogleのGFS，BigTableのほかに，AmazonのS3，MicrosftのAzureストレージシステムなどがある．これらの分散ファイルシステムでは，大量のデータを処理する大規模並列処理が円滑に行われると同時に，複数のコピーを保持することによって，データの可用性を高め，事実上データが常に保持されていると期待できる．

103

● 関係データベース

関係データベースは，第7章「クラウドデザインパターン」でもMySQLなどがとりあげられているが，基本的には，テーブル型のデータベースと理解されていて，一般には図6.16のように構成される．

社員番号	氏名	給与支給額	出勤日数
123456	山田一郎	250,000	20
245379	源まこと	272,000	22
360987	早乙女まちこ	234,000	20

図6.16　給与明細の関係データベースのテーブル

関係データベースは，行（row）と列（column）とのテーブルでできている．テーブルには名前がついており，これがそのテーブル内のデータの関係を表す．一つの行が，データ要素を表すので，データベースというのは，たくさんの行からなるテーブルが多数集まったものと理解できる．

行の先頭は，キー（key）と呼ばれる項目を始め，そのデータを構成する特性（property）を示す項目からなる．例えば，図6.16の「給与明細」というテーブルは，左端から，社員番号，氏名，金額，出勤日数という項目でできている．通常，社員番号がキーになる．

データベースには，ほかにも様々なデータがあり，例えば，「社員情報」というテーブルでは，社員番号，氏名，現住所，電話番号，性別，生年月日，配偶者，子供などといった情報を含む．

そこで，例えば，給与情報を社員の自宅に送付する場合，このデータベースでは，給与情報というテーブルと社員情報というテーブルとから，結合（join）演算により，社員の自宅情報をとり出すことができる．

● キーバリューストア（Key Value Store）

クラウドでのデータ処理の利点は，大量の並列処理が容易にできるという，スケールアウトにある．そこで問題になるのが，従来の関係データベースでは，結合操作が必要になるのだが，その処理が大量になってしまって手に負えなくなるということである．

そこで，従来のデータベースにおけるような完全性や正規性を諦めて，列指向データベース (Column-oriented Database)，あるいは，キーに対してバリューだけが付随するという単純な構造でデータを取り扱う，キーバリューストア (Key Value Store) が注目を浴びるようになっている．

6.2.3.2目で述べたMapReduceのような並列処理のフレームワークは，このキーバリューストアを前提に開発されており，Hadoopのようなオープンソースのツールが広まっているので，これを使ったアプリケーションも様々なものが開発されている．

Googleでは，検索エンジンにBigTableを使っているが，これは，インターネット上のページのURLとそのページが参照しているURLの集合というデータバリュー対があったとして，各ページに何個のURLが参照しているかを計算する必要がある．

MapReduceだと，膨大なページの情報が集まったとして，そこで各々のキー＝ページのURL（PageURL）に対して，バリュー＝参照しているURLの集合をとり出し，参照しているURLのデータに参照元のデータに，PageURLを追加するというMap作業を行う．

そして，各URLの参照元URLがいくつあったかという計算をReduce作業として行う．

6.2.5 トランザクションシステム

データベースに関わるトランザクションシステムにおいてもスケールアウトを考慮する場合には，個別のトランザクションの完全性を確保する従来の2相コミットのようなものよりも，トランザクション実行後に確認をとるだけでよいとする，結果整合性 (eventual consistency) [Vogels08] と呼ばれる方式が採用されている．

このようなトランザクション処理は，「エラー忘却型コンピューティング (failure-oblivious computing)」[Rinard04] として一般化することもできる．これは，処理途中でデータ不整合などのエラーが生じても直ちにそれに対応する処理をするのではなく，エラーが生じたという記録だけを残して，計算を継続するものである．クラウドセンターでの運用技術にも一脈通じるところがある．

Googleでも，BigTableでの大規模なトランザクション処理の検討を行っている．[Peng10]

このような結果整合性やエラー忘却型をとるデータベース/トランザクションアプリケーションが実行される背景には，余談になるが，そのような計算方式をよしとするビジネスがある．特にインターネットにおいては，個別データの統合性や整合性を多少犠牲にしても，ビジネス全体のスケールアウトの方を優先視するビジネスがあることを意味している．今話題になっている「無料ビジネス」[Anderson09] などもこのような文脈で考えると非常に興味深い．

6.3 クラウドのセキュリティ

クラウド利用の最大の懸念としてよく挙げられるのがセキュリティである．クラウドのセキュリティが情報システム一般のセキュリティとどれだけ異なるかについては，議論がある．基本的なセキュリティ技術が，クラウドであるかどうかで本質的に変わるはずがないからだが，一方でクラウドが，システムの利用者の観点からも提供者の観点からも，さらには攻撃者の観点からも，従来のセキュリティについての考え方やとり組み方を変えたのも確かである．

6.3.1 セキュリティの基本

まず，セキュリティの基本的な事柄を復習も兼ねてまとめてみよう．

● セキュリティとは何か

セキュリティ（security）という英語は，安全，安心，保障などといった日本語訳があてられている，結構広い意味で使われている言葉なのだが，IT用語としては，「システムとデータとについて，内部からの機密漏洩および外部からの侵入や攻撃という危険を排除すること」と一般に定義される（世の中には，セキュリティ用語辞典ができるほどに，このITセキュリティは，重要で，よく知られた分野になっている）．

この世の中には，セキュリティビジネスという分野があって，そこでは，ITだけではなく，他人の生命や財産，あるいは，非常に重要とされるモノを

外部からの攻撃から守るというサービスを提供している．そのような，広いセキュリティビジネスも含めて，セキュリティの基本は，一体全体何を，どのように保護するかであるということであると常に言われている．

そんなこと決まっているじゃないですか，データとシステムですよという返答があるかもしれないが，もし，本気で，すべてのデータとシステムとからあらゆる危険性を排除するには，途方もない手間がかかる．理由は，単純明快である．あらゆる危険性をすべて，並べ立てるということが本質的にできないからだ．ITセキュリティでは，天変地異に関する危険性は，考慮の対象から外しているのが普通だが，それでも地震など不慮の災害でデータが流出すれば，それは間違いなく，機密漏洩の危険性にさらされることとなる．3・11の震災で，我々が学んだ貴重な事柄の一つは，想定外の事故というものは，常に起こりうるということであった．それと同じように，想定外の攻撃があるというのが，基本的な前提である．だから，少なくとも何を，どのように保護するのかという対象を絞らないと，一切の対策が成り立たない．

● **守るべきもの，守り方**

人間が十人十色であるように，何をどのように守るべきかということについても，それぞれの背景理由があり，一概に述べることはできない．そこを理解してもらった上で，基本的な事柄を挙げてみよう．

（1）まず守るのは，人命と財産．

まず，重要なのは，優先度付けである．これができないと，何をという話が成り立たない．ここで，当然だからといって見過ごされてならないのは，人命と財産（もちろん，人命が優先する）を守るという姿勢があって，その上で，データやシステムなどIT資産の保全ということになるということである．これをとり違えると，生命を捨ててでもデータを守ることが美談になりかねない．データもシステムも人間が作ったのなら，また作ることができる．

（2）最低限度，守るものを明確にする．

基本的な人命と財産を絶対守るものとして，その上でほかに何を守っていくか，これは，あとでも述べるが，その組織の守る価値とは何かという問いかけである．飛行機に乗ると，必ず緊急避難時の説明がある．そのときに流

されるのが，何ももたず，女性はハイヒールも脱いで，着のみ着のままで脱出するという説明である．火事の避難の際にも同じことが言われるし，一度は逃げたが，大事なものを残してきたともう一度火事現場に入って焼死したという話もよく聞く．同じことが，ITセキュリティでも言える．最も大事なデータ，最も大事なシステムは何なのか．

　それらが確保された上で，次に大事なものは何か，階層をどこまで作るかは，組織によって業務によって変わってくるだろうが，一番大事なものが何かを常に問いかけることが，セキュリティの基本方針である．

　今のITシステムに，とりあえず予算の範囲で間に合うセキュリティソフトを導入するというアプローチは，この方針に照らせば，何もしていないことに等しい．

(3) 定期的に見直す．

　セキュリティの大前提となる基本的なアプローチのもう一つ大事な点は，定期的な見直しである．日本の会社と違って，外資系の会社の多くは，機密情報の管理をしっかりとやっている．そういうところで特に大事にされるのが，この定期見直しである．

　セキュリティのための基本は，何を守るか，その優先度を決めて処理することだと述べた．何が大事かは，時間とともに，企業でいえば，ビジネス環境が変わるにつれて変化する．一度作った優先度が何年もそのまま続くということは，まずありえないから，そもそも，見直しをしないということは，セキュリティに対する態度を疑われる．筆者がIBMに在籍していた当時に言われたのは，このような見直しをしていない資料は，そもそも重要ではないと客観的に判断されるので，漏洩もしくは盗難，破壊などの被害にあったときに，被害の申し立てが成り立たない危険性がある．そのようなリスクを避けるためにも，面倒だが，ほんとうに重要かを毎年見直さないといけないのだということだった．

　セキュリティの管理というのは，このような日常的な手間がかかるものだと認識しておかないといけない．

(4) 価値観，顧客，エコシステムの整備が必要．

　ここまで述べた事柄で明らかになったと思うが，セキュリティ対策をしっ

かりとやるためには，価値観や，その組織が何のために存在するか，すなわち，顧客は誰か，そして，その組織が成り立ち，発展していくためにはどのような環境が必要となるかという，ビジネスエコシステムがしっかりと確立していなければならない．

　あとで出てくるが，クラウド時代のセキュリティは，「自分」のデータやシステムを守るだけでは済まない．エコシステムを考えれば，自分にとってかけがえのない他者のセキュリティの確保が，自分のセキュリティに負けず劣らず重要なことが見えてくる．ここでも優先度の設定が必須である．一番優先度の高い資源についてのエコシステムを考えたときに，そのメンバーのセキュリティがどうなっているか，きっちりと評価していかないといけない．

　複数要素から成るシステムのセキュリティは，複数要素システムの品質の場合と同様に，各要素のセキュリティの積となる．つまり，弱点が一つあるなら，システム全体のセキュリティは，その弱点によって決まる．自分のところのセキュリティが万全だからといって，安心している訳にはいかない．

　この場合でも，実際のオペレーションでは，外部のパートナーとどこまで（セキュリティに関する）価値観を共有できるかが重要なポイントになる．ビジネスエコシステムは，筆者の考えでは，いわゆるビジネスモデルとは違っていて，企業について言えば，サステナビリティ（持続可能性）につながるものだが，そのエコシステムでのセキュリティの有り様は，まさにこのエコシステムの存続をどのように考えているかというメンバーの意識に関係してくる．

　IT分野のセキュリティ担当者は，どちらかと言えば，木を見て森を見ずというタイプが多くて，ビジネスや業務全体を見るのではなくて，個別のセキュリティプロセスだけに焦点を当てることが多い．持ち運び可能なPCやタブレットなどのセキュリティをどうするか，個人情報の管理をどうするかなどの細かい規定がその例となるが，ここで述べているように，もっと大きな視野をもたないと，全体としてのセキュリティを守ることができない．

（5）重要度は，知識やデータのほうが，システムを上回る．
　これも一般論になるのだが，重要なのは，知識やデータ，ノウハウだろう．システムの各所に，そういうノウハウが詰め込まれているということがあって，その意味で守らなければならないシステムも存在するのだが，そのよう

なシステムは，盗んでもそのままでは使えない．

　知識やデータは，内部の漏洩も外部からの侵入もどちらの危険性も高くて，しかも持ち出した場合の利用価値もおそらく高い．同じ価値の現金と物品とどちらが狙われるかといえば，盗んだあとの処分のしやすさで現金が狙われるように，知識やデータは，攻撃側からすれば，そのあとの価値があるので狙われる．

　よく言われることだが，外部からは価値が評価されているのに，内部では評価されていない知識やデータは（人材もそうだが）盗むというような手間をかけなくても入手できることがある．セキュリティ管理で，最も避けなければならないのは，そのような内部にある価値を正当に評価できなくて失ってしまうというケースである．これを避けるには，最初の方で述べたように，何が大事かを徹底的に追求していかねばならない．

　また，知識やデータは，組織の中できちんと管理されていないことも多い．データ分析の技術が格段の進歩を遂げているけれども，データそのものが使えるような形になっているかどうかは大きな課題になる．守るべき知識やデータは，日常的に使いこなされているものであることが多いし，実際にそのような知識やデータこそ重要なはずである．

（6）ITセキュリティも，人，建物など，人的物理的なセキュリティが前提．

　話をITセキュリティに限ろうとしたときに，まず前提としての人間や，建物など，ITシステムからは外部にあたるものごとのセキュリティを確保しておく必要がある．情報システムのセキュリティと言えば，コンピュータシステムや通信路がまっさきに頭に浮かぶだろうが，セキュリティ対策を実施するという観点からは，システムの外側がどうなっているかをまず確認しなければならない．

　データセンターなどでも，最初に配慮されるのは，出入りする人のセキュリティ，そして，建物のセキュリティである．災害対策も含めれば，想定外の災害が発生したときに，データセンターの人員がどうなるのか，建物が被害にあったときに内部のシステムはどうなるのかといった対策がきちんととられているかどうかが問われる．

　細かい話だが，パスワードを端末にふせんで貼っておくようなことがある

と，いくら精密なパスワードシステムを用意していても，その努力が水の泡になる．パスワードに関しては，ワンタイムパスワードを含めて，色々と進んだ技術があるのだが，それでも，このようなずさんな運用による危険性は，決して軽く視ることはできない．

(7) セキュリティは，費用対効果の見極めが重要．

セキュリティの一般論として，最後に忘れてはならないのは，費用対効果の見極めである．極端な話として，セキュリティ対策に膨大な費用をかけても，本来必要な投資が疎かになるようであれば，守っているデータやシステムの価値そのものが結果的に減少してしまう．あるいは，精密なセキュリティシステムを構築しても，あまりに煩雑であって，それを守ることが関係者の勤労意欲を削ぐようであれば，何を守ろうとしていたのかを再検討しなければならない．

そのような意味では，セキュリティ対策は，リスク管理の一環として運営されるべきであり，セキュリティ対策だけを単独で行うのは得策ではない．すでに，セキュリティの基本として，価値観とその優先度の作成が重要なことを述べてきた．リスク管理は，言うまでもないが，この価値観に基づいた優先順位で，リスク評価を行って対策を用意する．セキュリティ上のリスクは，リスク評価の中の1要素としてとりこまれ，全体的に対策指標と，予算評価が行われるべきである．

6.3.2 ITセキュリティの基本

ITセキュリティの基本についての書物やガイドラインは多いし，すでにそれなりの情報を入手されている人も多いだろう．ここでは，どういうリスクがあるかということを，まずまとめてみよう．

(1) 機密漏洩

このリスクは，情報システムにある機密情報の漏洩，情報通信システムを介しての機密情報の漏洩の両方を含む．機密情報には，電子メールなどのコミュニケーションも，データベースも，CAD/CAMファイルなども含まれる．通信経路の盗聴という側面では，通信路だけではなく，データのやりとりのための運搬手段なども含まれる．

ファイルやメールなども含めたデータについては，一般に暗号化が使われる．バックアップも含めた複数のデータセットがあっても，当然ながら，それぞれ暗号化を行う手間をかけねばならない．通信路についても暗号化が基本的な対策となるが，ファイアウォールを含めて外部からの侵入を防ぐと同時に，内部からのアクセスをどのように管理するかが重要になる．

従来からのウィルス対策も，トロイの木馬を含めて漏洩の危険を防ぐために必要となる．

（2）資産盗難

資産盗難は，個人のITシステムで，今や一番リスクの高い事柄となっている．機密漏洩とも当然関係して，資産アクセスの鍵となるIDやパスワードという機密情報の漏洩をどのように保護するかが入ってくる．ウィルス対策も，資産に関する情報漏えい対策の一環として必要となる．

また，最近では，なりすましによる情報盗難が増えており，URLの安全性を含めてウエブ閲覧やウエブ上での購買に対するセキュリティ対策が必要となる．

一方で，資産管理に関係するウェブサイトでは，機械的な攻撃をどのように防ぐかが重要になり，アクセスが人間によるものか機械によるものかを見分ける機能も必要になる．このようなウェブサイトへのIDやパスワードの登録では，チャレンジ／レスポンス型テストという，入力しているのが人間か，機械かを見分けるものが使われる．これは画像認証という呼び名や，CAPTCHA（Completely Automated Public Turing test to tell Computers and Humans Apart）などと呼ばれる．歪んだ文字画像がランダムに出力されるのが普通だが，機械側の機能も向上していて人間は読めない文字を機械が読むという笑えない事態も発生している．そのために，http://capy.me/ などのような，新たな画像認証方式も開発されてきている．

ウエブのコマースサイトでは，使われたクレジットカードなどに関する情報の管理が，準資産管理として大きな課題になってきている．

（3）業務障害

典型的なものは，DoS（Denial of Services）攻撃だろう．大量のウェブアクセスを発生させて，事実上そのウェブサイトの機能を停止させる．物理的な店舗で言えば，不届き者などが店の前に陣取って，一般の買いもの客が寄

りつけないようにするのと同様の営業妨害だが，これには，関係ない人たちのコンピュータを乗っ取ってそれを踏み台に使う手口がよく使われる．

クラウドが便利なインフラとして使われるようになればそれだけ，例えば，ERPに関わる，SCM（Supply Chain Management）のためのウェブサイトなどをこのようなDoSで使えなくするだけで，企業グループの業務活動が止まってしまうし，その影響が多岐に渡るだけに，どこが影響を受けるかわからないという危険性がある．

どこかのクラウドデータセンターのウェブシステムが機能不全に陥ったらどこまで影響がおよぶのか，きちんと評価できているかは疑わしい．データ消失や毀損によるデータが使えなくなる危険性も稀ではない．例えば，2012年6月20日に起きたファーストサーバ社のデータ消失事件では，メンテナンス作業の間違いで，5700件のデータをバックアップもろとも誤って消してしまい，ネット通販事業の停止に追い込まれた事例もあったという報道がなされている [FirstServer12]．

（4）改ざん

ウェブページの改ざんは，日本国内では，2000年1月24日に科学技術庁（当時）の Web ページが改ざんされた事件が報道されて，一挙に有名になった．また，これが契機となって，内閣官房に情報セキュリティ対策室が設けられ，国として対策を考える必要があるほどのことだということが明らかになった．

改ざんは，かつては示威行動という側面が強かったが，最近では資産や機密情報を狙うために，まずウェブページを改ざんしてニセのサイトに誘導したり，ウィルスを仕込むなど，次に本格的な被害をもたらす入り口の作業ということが増えている．見た目だけでは改ざんされていることがまったくわからず，被害も直接的でないと，かなりあとになって初めて改ざんがわかるということも多い．

いずれにせよ，このような，言わば自宅に無断で入り込まれ家具をいじられてしまうようなことを放置すれば，何か問題が起こるのは避けられない．改ざんがあったかどうかを管理する，ログ解析などの地道な作業は必要となる．

（5）乗っ取り

コンピュータウィルスはもともと自然界のウィルスのように，コンピュー

タ内に入って，感染させると同時に，さらにほかに感染を広げていくという働きをする．そのために，感染したホストであるコンピュータのプログラムを書き換えている．

乗っ取りもまたコンピュータのプログラムを書き換えて，自分の好きなようにさせることだが，このような働きをするウィルスを通常，ワームとかボットなどと呼ぶ．ワームが世に知られるようになったきっかけは，2003年8月に，Microsoft Windowsを対象にして広がったBlasterである．これに感染すると，Windowsの管理者権限を奪って，すなわち，レジストリデータを書き換えて，Microsoft のwindowsupdate.com に対して DoS 攻撃を行うように仕組まれていた．

ボット (bot) は，2004年頃から注目されるようになった．感染後，定期的に，C&C (Command and Control) サーバと対話を行い，ハーダー (Herder) と呼ばれるボットネット管理者からの指示に従って動作する．まさしく，乗っ取られてしまうわけである．ボットネットというのは，このようなボットに感染したコンピュータ群とC&Cサーバとをまとめて指す呼び名で，これがセキュリティ上，大脅威なのはすぐにわかるだろう．わかりにくいのは，自分のコンピュータがこのように乗っ取られてボットネットに入っていても，気づかない人が大勢いるという事実である．警察庁情報通信局情報技術解析課サイバーテロ対策技術室の発行した2009年度の資料 [cyberpolice09] に寄れば，日本国内で430個のボットネットが観測されているという．最大のボットネットは，6,382台のボットで構成されていたらしい．

乗っ取りは，インターネットに接続していなくても可能である．有名な例は，2010年に報道されたStuxnetというウィルスで，標的になったのはイランの原子力発電所であった．これは，このようなインフラ系のシステムなどで広く利用されているSCADAというシステムを乗っ取るように作られていて，USBメモリを介して内部ネットワークに侵入したとみられる [Stuxnet11]．

このように見ていくと，ネットワークがITセキュリティの根幹であるということとともに，プログラムとデータとが互換であるフォン・ノイマンコンピュータのもつ本質的な脆弱性が浮かび上がる．

それと同時に，このネットワークも，プログラムとデータの互換性も，ク

ラウドを支えるコンピュータシステムの大きな特徴であり，欠かせない性質だということを認識しなければならない．今や，孤立した状態だけで使われるコンピュータシステムは，ほとんど存在せず，仮想化技術が示すように，コンピュータシステムの威力は，自分自身を変えられる能力に依存している．

　この二つからわかることは，セキュリティリスクが，コンピュータシステム全体にとっては，本質的なものであること，そして，当然ながら，クラウドにとっても，避けては通れないリスクになっているということだ．

6.3.3 情報（IT）セキュリティの対策について

　情報セキュリティ対策の一つがこれまで述べてきたようにネットワークであることは間違いない．ネットワークセキュリティは，それ自体，重要な分野として確立していて，教科書も多い［セキュリティ教科書］．

　残念ながら，普通の利用者は，ネットワーク管理者としての立場で，ネットワークセキュリティを扱うことがない．ファイアウォールや，IPアドレスの設定についても，単なる利用者として接している．自宅で無線LANルータなどを入れて使っているなら，ある程度の知識と対策は必要なのだが，普通は，無線LAN特有の，例えば，MACアドレス制御，SSID制御，暗証の強度を含めた方式選択（WEP，WPA）などだが，どちらかと言えば，ルータ側，接続するPCなど端末側の設定操作について述べられているということが多い．

　一般論としてのセキュリティ対策では，このような機器の取扱い説明の延長ではなく，ITシステム全体としてのセキュリティ対策を検討したい．つまり，情報システム全体を見渡して，リスク管理を考える必要がある．情報システム全体をどのように考えていけばよいかについては，［黒川06］でも述べたので繰り返さないが，本書では，データ，プログラム，ユーザの三つの要素について，その利用局面からITセキュリティの対策についてを考える．

(1) データセキュリティ

　セキュリティの基本で述べたように，守るべきものの中に，通常は，データが入ってくる．データといえば一般に「情報漏えい」と一括りにされることが多いけれども，6.3.2項「ITセキュリティの基本」の中で想定されるリスクについて述べたように，書き換えられる危険性もあれば，資産の盗難に至る

115

ような危険性もある．

　データを守るという観点からは，データのありかをどのように秘匿するかということから始まって，データへのアクセス権をどのように付与するか，データのアクセスログをどのように管理するか，データが改ざんされていないかというチェックをどのように行うか，そして，定期的な見直しの中で，不要になったが，リスクという意味ではまだ危険性の残るデータをどのように廃棄するかというところまで，セキュリティ上の配慮が必要となる．

　データセキュリティといえば，通常は，暗号化がすぐ対処案として出てくる．これも今や常識になっていると思うのだが，暗号を破る技術が日進月歩で進んでいるので，暗号化を定期的に見直すことが必要になる．利用者のパスワードについては，定期的な見直しが今では常識になっているが，暗号の見直しについては，それほど議論されていないようだ．

　これまた通常の管理体制では，原データを物理的に担当者以外がアクセスできない場所に確保し，データの持ち出しやコピーについて，担当者だけでなく，経路のセキュリティを確保し，データを閲覧する権限を管理するというのが普通だが，原データそのものが電子的に作成され，データを保存する媒体がますます小型になるにつれて，物理的なデータの管理は，ますます困難になってきているという側面がある．

　さらに，安全保障的な側面がある．データセキュリティは，政治権力との関わりも考えておく必要がある．一般に，公権力は，必要であれば，その権力のおよぶ範囲にあるデータをすべて入手して，精査し，さらには，必要に応じて公開するという権限をもつ．これは，金融資産などにおける安全保障的な観点と軌を一にするものだ．

（2）プログラムセキュリティ

　データは，見られること，改ざんされること，盗まれることが基本的なリスクだが，プログラムは，システム側なので，乗っ取られることが基本的なリスクとなる．ただ，そのためには，見られ，改ざんされるということが背景にあり，SQLインジェクションのような脆弱性がポイントとなる．

　プログラムの脆弱性については，自動更新で頻繁に通知があるし，ニュースでも話題になるので，言葉としてはよく知られているようだ．「弱み」があっ

て，悪意をもったソフトウェアにつけこまれる隙があるらしいというのは，文字面の意味から推測できる．しかし，考えてもみて欲しい，そのような弱みをプログラマがわざわざ残すものなのだろうかと．

基本的には，脆弱性というのは，プログラマが思いもつかなかったような使い方，入力を受けて発生するものである．有名な「SQLインジェクション」を例にあげて，説明しよう．

Wikipediaなどにも説明があるが，基本的なポイントは，利用者が入力したデータをとりこんで，SQL文を構成して，実行するという仕組みの不備を突くものである．

ここで，「不備」とは何かというと，第一に，利用者の入力をそのままとりこんでいるところである．本来なら，入力をチェックして，必要な処理を別途起動すればいいのだが，その手間を省いて，入力をそのまま使ってSQL文を構成することで，処理起動を済ましている．一見うまいやり方なのだが，そこにつけこまれる隙があった．これは，予定表とか，メールの本文などで，既存のものをコピペして失敗してしまった例を思い出せば，見当がつくだろう．自分では，省力化のつもりで，とんでもない失敗をやらかしてしまう．同じことがSQLインジェクションでも生じるのだ．

第二に，結果として，SQL文を実行するという仕組みが，実は，入力された悪意のあるプログラムを実行する結果になるということである．プログラマの元々の意図は，入力されるのは，まともなデータなのだから，多少の入力ミスがあってもおかしなことにはならないというものだった．困ったことに，SQL文の実行には，特に，エラー処理には甘いところがあって，つけこまれた．

同様の問題が，入力を厳密にチェックしないで引き渡す際に起こる．特に，エラー処理では，思いがけないところに制御が移り，そこで渡された引数の評価が起こりうるので，危険である．最近では，PDFファイルの閲覧で脆弱性がつかれるという情報があるが，これもPDFの実行プログラムがファイルを読むための処理をするために，ファイル名などをとりこむ操作に危険性が潜んでいるということである．

この脆弱性についてもう一つ重要なことは，例えば，ユーザIDを盗む古典的な方法に，コンピュータによってIDを自動生成するということがある．コン

ピュータシステムにとっては，データの入力者が人間かどうかは見分けられない．そして，強力なコンピュータを使えば，ユーザIDのフォーマットさえわかれば，可能なIDを端から試すことなど，何の造作もない．パスワード入力も自動生成して試すことが苦もなくできる．

このような機械による攻撃に対して，不正ログイン防止技術も開発されてきている．これは，入力しているのが人間か機械かを見分けるCAPTCHAと呼ばれる技術を含む．すでに述べたように，この歪み文字でも，機械側の読み取り精度が向上してきて，http://capy.meのような画像を使ったより高度の認証技術が開発されてきている．

プログラムセキュリティのこのような側面は，次のユーザセキュリティとも関係する．

（3）ユーザセキュリティ

ユーザセキュリティ（user security）という言葉は，まだ十分に浸透していないが，利用者場面での，セキュリティ確保全般を指す．情報システムを要素分解すれば，データとプログラムと人間（ユーザ）になるのだから，セキュリティもそれで考えるべきだという考えだ．

ユーザセキュリティは，データセキュリティやプログラムセキュリティとも関連するが，それだけではなく次のようなさまざまな視点やセキュリティ評価（assessment）を踏まえることによって，利用者が全体としてどのようにセキュリティを制御するかを示す．

●便利さとセキュリティリスクのトレードオフ

スマートデバイスでは，位置情報を知らせることによって，各種のサービスを受けられる．自分の位置を（機械を含めた）他者に知らせることは，状況によっては，安全性を犠牲にすることなのだが，そのような状況にないという判断に基いて，利便性を追及するのが多数の人にとっては妥当になっている．SNSなどに見られる，デジタルネイティブ [Tapscot09] と呼ばれる若い人たちの，プライバシーに関わる事柄まであけっぴろげに論じる傾向も同様の価値判断と推測される．

ユーザIDやパスワードなどをコンピュータシステムに覚えさせて，入力を短縮する操作も同じように考えられる．人によっては，指紋認証などの身体

認証も同じようにセキュリティ上危険であると考えるようだ．これは，認証データがコンピュータシステムに保存されることによって，そのようなデータの漏洩，改ざんによって，自分自身の認証が不正になることのリスクを念頭に置いている．

● **なりすましや詐欺サイトへの自衛**

現在，利用者は，なりすましや詐欺サイトなど，様々なリスクにさらされている．セキュリティソフトは，このような詐欺サイトなどをブロックするように情報を提供しているが，Facebookの友だち申請のような，なりすましを防ぐような対策にまでは手が回っていない．このような詐欺による被害を防ぐには，これも，IT以前の基本的な事柄になるが，疑わしい情報や情報源からは，距離を置くことが重要になる．

● **スパムへの対処**

セキュリティと微妙な位置にあるのが，スパム (spam) と呼ばれる迷惑メールや迷惑メッセージ，あるいは，迷惑画面である．語源には諸説あるが，イギリスのコメディグループMonty Pythonが笑いをとるために常用していた缶詰SPAMから来ているという説が一般的である．

迷惑メールと普通は訳されていて，不特定多数に送りつける広告などのメッセージを指すが，単なる押し売りにとどまらず，ウィルスの配布を兼ねていたり，なりすましや詐欺サイトへの誘導を狙ったものも多いので，スパム対策そのものがセキュリティ上の対策の一つに組み込まれていることも多い．

ユーザ／セキュリティというカテゴリでは，人間のもつ弱みにどう焦点を合わせるかが課題となるのだが，ここでの弱みは好奇心である．どんな人間でも，いくらかの好奇心をもっており，これが犯罪者側からの脆弱性に相当する．あるいは，なりすましの場合には，振り込め詐欺の場合と同様に，ついうっかり本人だと思ってしまう不注意を脆弱性にしている．

このようなスパム対策には，機械的なスクリーニング（ブラックリストと言って，発信元のIPアドレスからスパムメールを特定し，受取人に届かないようにする），あるいは，内容を機械的に分析して，不都合な内容だと跳ねてしまう処置がとられている．

極端な場合には，メールは前もって登録したアドレスからのものしか受

119

取れないようにするという対策もある．日常生活で言えば，「知らない人が来ても玄関をあけてはいけません」と子供に指示するのと同じである．

　それでも，誤る危険性があるので，利用者教育として，このような手口を含めて，危険性を周知することが行われている．また，メールの送信に関しては，一旦送信処理をしたあとも，システムの中にとどめておき，必要な暗号化の処理をしてあるかなどをチェックした上で，システム外への送信を行う方式もとられたりしている．この場合にも，送信先をあらかじめ登録させて，情報漏洩対策を兼ねる方式もある．

6.3.4 クラウドセキュリティ

　セキュリティは，よくクラウドの一番の弱点としてとりあげられている．しかし，一般的なクラウドセキュリティについての議論は，よく見ると，IT情報システム一般の議論であることが多い．本書では，そのために，ここまで，6.3.1項「セキュリティの基本」，6.3.2項「ITセキュリティの基本」，6.3.3項「情報(IT)セキュリティの対策について」で，クラウド以前のセキュリティについて述べてきた．このようなセキュリティの基本，実態，対策をベースにして初めてクラウドのセキュリティを考えることができる．

　言い換えると，セキュリティがよく理解されていないから，クラウドのセキュリティがことさら注目を浴びたという側面があったのではないかと筆者は疑っている．その疑念の背景にあるのは，『「セキュリティ懸念」に変化—広がるクラウド活用領域』[ZDNet1306]というような記事が出ることで，本当にクラウドのセキュリティをきちんと評価していたのではなくて，ある種の雰囲気として，クラウド利用をためらう理由として，セキュリティをあげていたのではないかということがある．

　クラウドセキュリティについても，まず，データ，プログラム，ユーザの三つの要素について，考えてみよう．

(1) データセキュリティ

　クラウドのデータセキュリティの最大の論点は，データの格納場所の問題である．クラウド以前なら，たとえ，データセンターを利用していたとしても，どのデータセンターにデータが置かれているかがはっきりしていたのだ

が，クラウドにおいては，今現在，どこにデータがあるのか，だれも知らないということがありうるということである．

　この点において，気をつけないといけないのは，セキュリティのどの側面にこの特性が関与しているかである．重要なデータのある場所を悪意のある相手から秘匿するという意味では，実は，このことは問題どころか利点とみなすことができる．実際，NRIセキュアテクノロジーズでは，「秘密分散技術」によって，データに暗号化を施すだけでなく，分散格納することによって，セキュリティを高める技術を開発してサービス提供している［NRI10］．

　データの保管場所がわかっていないと困るということは，どこでもありえて，そのような要請ということなら，クラウドであっても保管場所を確定しておくことは可能である．これも極端な事例になるが，最近話題になった，米国AmazonのCIAシステム受注［Wired13］に見るように，パブリッククラウド推進の第一人者であるAmazonでも，6億ドル規模のCIAのシステムなら，データをCIA内部に置くクラウドを構築して運営サービスするのである．

　クラウドだから，データのありかを決められないというわけではないことははっきりさせておいたほうがよい．データのありかを決めないクラウドサービスもあるというのが正確な記述だろう．実際に，データセンターの場所を特定しないが，日本国内とか，アジアとか，地域を指定する方式のサービスも提供されている．

　また，これもクラウドに限った話ではないが，情報システムのデータセキュリティで述べたように，司法当局（を含めた政治権力）によるデータの強制開示の可能性もあって，データの存在する場所は，場合によれば重要となる．開示に関して言えば，これは，バックアップについても言えるので，それだけの注意が必要となる．

　次章のクラウドデザインパターンでも出てくるが，クラウドでもいろいろなデータの扱いができる．それに応じて，セキュリティを考えていくということだろう．クラウドだから，セキュリティ上危険だとか，逆に，セキュリティ上安全だということはできない．

（2）プログラムセキュリティ
　プログラムの脆弱性の問題もクラウドだからといって変わるわけではない．

これも，次章のクラウドデザインパターンの中に紹介があるが，クラウド上では，実機テストが楽にできるので，脆弱性を見つけて手当することも容易になるというポジティブな側面がある．

一方で，特にパブリッククラウドの場合は，他人のプログラムの脆弱性が，自分のところに影響する可能性がゼロとは言えない．もちろん，プライベートクラウドだって同じことで，ほかのプログラムの脆弱性の影響を絶対受けないということは言えないので，プログラムのセキュリティチェックは定期的に行わないといけない．

外部からのリスクとしてのセキュリティではないが，外部のデータセンターに依存するという意味でのリスク管理として，データセンターに問題が生じた場合でも業務に支障がないかどうかという事業継続性のセキュリティチェックは，必ずしておきたい．これも，クラウドデザインパターンで出てくるし，実は，クラウド以前のシステムでもBCP（Business Continuity Plan）として必要なことなので，クラウド特有というわけではないが，脆弱性の問題同様，クラウドでのほうが対策を作りやすい．

(3) ユーザセキュリティ

ユーザセキュリティに関しては，基本的に，クラウドだからといって変わることはない．強いて言えば，スマートフォンやタブレットに代表されるような，クラウドデバイスにおいて，セキュリティ対策が最近では一層必要になってきているということだろう．

ウィルス対策やスパム対策，さらには，詐欺サイトや乗っ取られないための対策まで，コンピュータに必要な対策が，クラウドデバイスにおいても，当然のごとく必要となっている．むしろ，これまで携帯電話でセキュリティ対策がなされてこなかったことのほうが異常であり，問題なのだ．

6.3.5 クラウド以降のセキュリティについて

この機会に，クラウド以降のセキュリティの展望について触れておこう．セキュリティは，従来のコンピュータシステムの議論においては，それほど重要視されてこなかった．日本の教育が，製造技術側の教育に偏っていて，利用技術の教育が後手に回ったということもあるし，2000年代にインター

ネットがこのように普及するまでは，セキュリティの脅威がいまだ限られたものでしかなかったということも背景にあるだろう．

　本節の趣旨は，クラウドだから特別なセキュリティということはなくて，むしろ，情報システム全般のセキュリティ対策こそが重要であり，その中にクラウドがシステムの一部として含まれるというものであったが，皮肉なことに，セキュリティの重要さは，クラウドが普及するに連れて一層高まったといえる．その意味では，クラウドだからセキュリティを考えねばならないという状況に追い込まれたということを述べるのはありだろう．

　これは，歴史を振り返れば，江戸時代について，江戸市中は，町ごとに木戸が置かれ，出入りを監視していたが，明治以降は，木戸が廃止されて，誰もが自由に通行できるようになった．それだけ，自分の安全は自分で守らなければならないようになったのと同じことで，かつてのコンピュータシステムは，それぞれ別個に運営されていて，セキュリティ管理はシステムごとに行えばよかったが，クラウドというインフラ整備にともなって，誰もが行き来自由になった分だけ，自分で安全を確保することが必要になったというのとよく似ている．

　世の中の状況を見る限り，クラウドというインフラの整備と普及はさらに進むとみられる．米国のCIAの事例に見るように，個別のコンピュータシステムの運営にパブリッククラウドの技術が有用で，コストパフォーマンスが高いことが認識されるようになってきている．既存システムのクラウド化，新規システムのクラウド基盤の開発がさらに加速することが考えられる．

　情報システムのセキュリティが，こういう共通の基盤上で，重要になってくることも予想できる．攻撃側にとっては，共通基盤は，攻撃上の様々なメリットをもたらすからである．自分が使っていない預金口座の情報であっても，それが漏洩することで，ほかの利用者なり，銀行のシステムなりにもたらすセキュリティ上の脅威は計り知れない．コンピュータウィルスの対策を施さないPCが乗っ取られれば，踏み台として使われて，重要なコンピュータシステムに多大の被害をもたらし，多くの利用者に迷惑をかけるのと同じで，自分個人にとって直接それほど被害がないからといって，セキュリティ対策をおろそかにすることは，社会的に許されないという状況に，早晩なることも予想される．

123

セキュリティ対策をクラウドインフラ全体で行っていくための費用を，全利用者で負担するために，システム利用者にセキュリティ税のようなものが課せられる事態だって考えられないわけではない．

一方で，セキュリティの基本で述べたように，すべては，リスク管理に集約されるので，社会全体のリスク管理の中にセキュリティ対策も包含され，そのリスク管理の費用全体の中で，セキュリティ対策に割くべき費用も決まってくる．今後の社会の中で，クラウドのような情報インフラのもつ利便性と，セキュリティ上のリスクとをどのように評価して管理していくかが問われてくる．

システム全体で，データ，プログラム，ユーザのセキュリティをどのように配慮し，どのように確保していくかもこれからの課題になるわけだが，重点は，ユーザセキュリティにまず置かれるようになるはずだ．同時に，今後の技術開発の焦点もユーザの利便性とセキュリティとに当てられるだろうことが想像される．

リスク管理の中では，国際的な法制度も含めた枠組みの整備や標準化なども論じられるべきで，これには，クラウド事業者の法的な責任をどうするか，情報の安全性の保証をどのように担保するかというような問題も含まれるだろう．

一方で，クラウドの浸透に伴って，個別のセキュリティ要素については，利用者の考え方も変わりつつある．例えば，プライバシーに関わるような個人情報に関して，年配者にとっては外部に発信してはならないと思われるような事柄まで，TwitterやSNSなどで若い人たちが発信しているという例がある．

デジタルネイティブと呼ばれるような若い世代では，ネット上のプライベートな集まりが日常化しており，一つ一つのセキュリティを守ることよりも，そのような場をどのように悪意のある外部者から保護するかが今後の課題となっている．

企業活動においても，企業の外へのTwitterを通じての情報交換が，正式な企業広報とどのように関わるかが，企業法務の観点からも論じられるようになってきている．このような私的な要素を含めたネットやクラウドへの関わり方が，有効性とコストの両面から評価しなければならない時代になってきている．

コラム

クラウド上の無料サービスの魅力と怖さ
— Gmail, Naxos Music Library, Amazon Kindle Owner Library

クラウド上には，数多くの無料もしくは無料に近いサービスが存在する．それらは，魅力もあるが，同時に，表面的には見えない怖さも隠れている．よく知られたGmailと，それほど知られていないかもしれないNaxos Music LibraryやAmazon Kindle Owner Libraryについて，その光と影を紹介しよう．

Gmailについては本文でも触れた．筆者も使っているが，容量が十分あって，スパム対策もよくできていて便利である．フリーメールということで，一部受け付けてもらえないところがあるが，そう問題ではない．Naxosは，音楽愛好家にはよく知られたクラシック音楽を中心にしたオンラインサービスである．ユニークなのは，図書館と組んで，オンラインの音楽サービスを提供していることであり，図書館側は膨大なCDの管理が不要になり，利用者は，膨大なNaxosのCDライブラリが使えるという利点がある．

Amazon Kindle Owner Libraryは，無料ではないが，アマゾンのプライム会員になると一万点に上る電子書籍を無料でアマゾンの電子ブック端末Kindleで閲覧できる．

こんなに便利なものなのに，怖いことがあるのだろうか．まずGmailだが，一番懸念されているのは，個人情報や，企業や組織の機密情報などをGoogleが，「見ている」ということがある．社員が見ているわけではなくて，ロボットが見ており，大量のデータの一部として使われているだけなのだが，裁判沙汰など必要とあれば，白日の下にさらされるものであることを覚悟して置かなければならない．もう一つは，Googleの都合で，いつサービス内容が変わるか，極端な場合には，停止もあることを覚悟せねばならないことである．

Naxosの場合にも，楽曲データの間違いといった不備と，配信停止という可能性がある．特に，Naxosのオンラインサービスに参加しているレーベルは，条件が折り合わなければ参加をやめてしまうことがある．図書館のCDも，前の利用者のミスで使えなくなることがあるので，そのような

危険性は，公共サービスにはつきものではあるが．
　Amazonのサービスは，無料ではなく，プライム会員会費であるとか，Kindleの購入費用，年会費など料金をとられるということだけでなく，Googleの場合同様，Amazonに閲覧データがすべて筒抜けということと，電子書籍全般に言えることだが，利用者は，「所有」しているのではなく，利用権を購入しているだけだという違いがあり，そのために，ある日から，購入したと思った書籍を読むことができなくなる危険性がある．
　このようなサービスの落とし穴は，クラウドが原因ではなく，無料や無料に近いサービスが抱えるビジネス制約によるものだ．クラウドは，その規模とその利便性を高めただけに，その影のもつ落差も広がった，それだけ，気を付けなければならないということである．

第7章 クラウドデザインパターン

　本章で紹介するクラウドデザインパターン（Cloud Design Pattern）は，アマゾンデータサービスジャパン株式会社の人たちが中心になってまとめたもので，2012年に発表され，ホームページ（http://aws.clouddesignpattern. org/index.php/%E3%83%A1%E3%82%A4%E3%83%B3%E3%83%9A% E3%83%BC%E3%82%B8#AWS.E3.82.AF.E3.83.A9.E3.82.A6.E3.83.89. E3.83.87.E3.82.B6.E3.82.A4.E3.83.B3.E3.83.91.E3.82.BF.E3.83. BC.E3.83.B3.28beta.29.E3.81.A8.E3.81.AF.EF.BC.9F）上で現在も改訂，拡張が進んでいる［玉川12］．

　これは，あとで簡単に説明するシステム開発のデザインパターンにしたがって，クラウド上でのデザインパターンをまとめたものである．実装にまで踏み込んでいるので，AWS（アマゾン ウェブ サービス）のクラウドサービスに特化しているが，基本部分や設計部分は，一般的なクラウド全般に適しているので，様々な局面で利用できる．実際にAmazonのクラウドのサービスを実装するための手引書も発行されている［大澤13］．

　デザインパターンについては，オブジェクト指向の設計開発におけるデザインパターンが一時喧伝された［GoF94］が，期待されたほど普及が進まなかった．また，デザインパターンの集積も，実はできていなかった．

　これに対して，このクラウドデザインパターンはすでに設計編，実装編の書籍も発売されており（［玉川12］［大澤13］），実績が上がっているようだし，勉強会や，新たなデザインパターンの検討が引き続いて行われており，興味深い．FacebookなどのSNSもhttps://www.facebook.com/awscdpに見られるように積極的に使われている．

7.1　クラウドアーキテクチャ原則

　（http://aws.clouddesignpattern.org/index.php/%E3%82%AF%E3%83% A9%E3%82%A6%E3%83%89%E3%82%A2%E3%83%BC%E3%82%AD%E3 %83%86%E3%82%AF%E3%83%86%E3%82%A3%E3%83%B3%E3%82%B

第7章 クラウドデザインパターン

0%E5%8E%9F%E5%89%87)

　クラウドデザインパターンの詳細を述べる前に，クラウドアーキテクチャ原則を紹介しておく．これは，クラウドの特性を考えると，これまでのシステムアーキテクチャとは異なった視点が必要となる．それをまとめたということである．その内容は，次のようになっている．

1. できるだけサービスを利用

　そもそも，クラウドを含めて，サービス指向でシステムを考えるなら，システムを新たに作るよりも既存のサービスを使うという原則である．ここでのアーキテクチャ原則の例としては，アマゾンのEC2を使っても，Amazon Simple Storage Service (Amazon S3) と同じようなサービスを作ることができるというもので，クラウド上でのサービスを構築するのか，既存のサービスをそのまま利用するのかという選択肢が例に上がっている．原則は，利用できるなら既存のサービスを使うことである．

　新たに作るよりは，既存の部品を再利用するというのは，従来のシステム開発においても大原則だった（システム構築を請け負うビジネスにおいては，同じような機能であっても，あえて構築したほうがビジネス上の利点があるという背景があった）．その意味では，この原則は，「部品再利用」を「サービス利用」に更新したものと考えることができる．

　この原則をシステムとして支援するには，必要な機能がすでにサービスとしてあるかどうかの検索機能や，作った機能をサービス登録する機能などが必要となる．このクラウドデザインパターンが，そのようなカタログとしての役割も果すことが期待されている．

2. 机上実験よりも実証実験

　従来のソフトウェア開発での一つの原則は，机上デバッグをしっかりと行うことであった．これに対して，クラウドでは，机上での作業よりも，実際のシステムを組み立てて試験する方を重視する．

　クラウドという仮想環境においては，適切な限度を与えておけば，安全な実験が可能になる．かつてのシステム構築においては，実システムに近いものの構築そのものが非常に手間のかかる作業であった．したがって，実証実験を行うということの作業量が大きくて，計画から検証まで大変であり，完

全なものとすることが面倒であった.

　クラウドの実証実験は，コストが安くて，いくつかのバリエーションを比較検討することもそう難しくない．この実証実験を推進するという立場は，最近の3Dプリンターによる，ものづくりの新しい方向でも明らかになっている．クラウドが，仮想環境を充実して，このような実証実験を推進するところは，今後の科学技術のみならず，システムの設計においても新たな流れをもたらすものであろう．

3. スモールスタートからスケールアウト，必要ならスケールダウン[※1]

　「小さく始める」というのは，従来のシステム開発においても同じであった．ただし，従来のシステムにおいては，拡張計画は，かなり綿密に立てる必要があり，また，拡張の方向は，スケールアップもあって，スケールアウトという方向に限定されているわけではなかった．

　クラウドは，柔軟にシステムを増強したり，削減したりすることが容易であるというのが，本質的な特長なので，システム開発を小さく始めることが，従来よりもはるかに容易になる．ただし，アプリケーションの特性も含めて，スケーラブルにすることは，必ずしも簡単とは限らない．「机上実験よりも実証実験」という原則も，実は，このスケーラブル原則にもとづいている．

4. 変化に対し全レイヤで対処

　システムアーキテクチャで最も難しい部分が変化への対応である．「変化への対応」は，システムアーキテクチャの大原則だが，同時に，「軽率な対応を禁じる」のがシステムアーキテクチャの大原則でもある．表面的な変化に惑わされずに，本質的な変化が起こっているのかどうか，それにはどう対応できるのか，それがシステムアーキテクチャの基本であり，システムの設計者が運用担当者と打ち合わせて，変化のどこまでを運用でカバーできて，どこからは，システムの改修が必要か，検討しなければならないポイントでもある．

　クラウドにおいても，変化への対応が簡単ではないことは，銘記すべきだろう．しかし，従来のシステムと比較すれば，クラウドは，インフラレイヤ

[※1]「必要ならスケールダウン」は，クラウドアーキテクチャ原則には，記述されていないが，説明本文に入っていたので，ここに明示しておいた．

からアプリケーションレイヤまでさまざまな選択肢がある．性能上の問題なら，ハード的な対処も迅速にできるし，試験的なシステムを立ち上げるのも容易である．

5. 故障のための設計（Design For Failure）

　従来のシステム開発においても，故障のための対処，そのための工夫は求められてきたが，基本的には，故障や問題を起こさないことが前提となっていて，故障は，設計の問題ではなく，運用時の対処法というのが基本だった．
　故障を前提とした，Design For Failureという考え方と実践は，クラウドの普及と充実があって初めて可能となった原則だ．説明文には「対応品質」という言葉が使われているが，Netflix社でのChaos Monkey（http://techblog.netflix.com/2012/07/chaos-monkey-released-into-wild.html）を見ると，クラウド上の実稼働システムにおいて，このようなシステムの一部を破壊するようなソフトウェアをわざと走らせて，システム全体の堅牢性を高めることができるというのは，従来のシステム構築からは，逆転の発想になるが，故障のための設計という立場からは，この原則を日常的に実行しているだけのことになる．これが，通常のシステムで可能かどうかを考えてみるだけでも，クラウドがもたらす質的な変化を理解できるはずだ．
　クラウドは，耐故障設計を根本から考え直す機会を与える．

6. 最初だけでなく周期的なカイゼン

　従来のシステム開発でも，継続的な改善活動は，必須であるが，クラウドでは，インフラ層まで踏み込んだ開発が可能となる．運用フェーズでの選択肢が増えるというか，ダイナミズムがインフラ層まで巻き込んで，大幅な改善を期待できる．当然ながら，運用担当者，開発担当者がお互いにきちんと話ができる土俵作りも大事になる．
　同時にこのように，短い周期での改善は，従来のシステム開発で見られていた，数年おき，あるいは，十年おきのシステム大改修という開発運用サイクルの見直しを意味する．よりアジャイル（agile）な形式で，システムが顧客や市場の変化を織り込みながら変化するということで，システム開発部門の体制も従来のシステム開発の場合とは，根本的に違ってくる．より現場に近いシステム開発ということになるだろう．

7.2 クラウドデザインパターンの形式

デザインパターンという考え方の源流は，C. Alexanderが提唱した建築の世界におけるパターン言語にある[Alexander77]．ソフトウェア開発については，「ソフトウェアデザインパターン」が有名で，色々な解説がある[GoF94]．

簡単にいえば，事例集ということになるが，実際の課題に適用しやすいように，さらには，一連の作業によって，最終的な成果が出るようなパターン言語化までが，視野に置かれている．

一般的には，名前，状況，課題，解決，結果，理由が示されている．単なる事例ではなくて，ソフトウェア開発ならコードの適用まで含まれていることもある．クラウドデザインパターンの場合も，パターンの構成は，パターン名／サマリー，課題，クラウドでの解決／パターンの説明，実装，構造，利点，注意点，その他となっている．

AWSのクラウドデザインパターン（CDP）は，次の九つのカテゴリーに分けられている．(1) 基本，(2) 可用性向上，(3) 動的コンテンツの処理，(4) 静的コンテンツの処理，(5) データのアップロード，(6) リレーショナルデータベース，(7) バッチ処理，(8) 運用保守，(9) ネットワーク．CDPは，現在も追加登録中なので，構成が今後も変わっていく可能性があるが，本章を読めば全体の様子がわかると思う．基本のデザインパターンと，それぞれのカテゴリーの代表的なものを見ていこう．クラウドのシステムとはどういうものかという入門と同時に，これまでの内容の復習になるはずである．

7.3 基本のクラウドデザインパターン

基本のデザインパターンには，Snapshot（バックアップ），Stamp（サーバ複製），Scale Up（サーバ能力の動的な変更），Scale Out（サーバ数の動的増減），Ondemand Disk（ディスク容量の動的増減）が含まれている．これらは，クラウドが提供する状況に応じたシステムの変更と，バックアップの容易さという基本機能を表している．それぞれの内容を見ていこう．

● Snapshot（バックアップ）

　解決課題は，データの安全な保管である．テープを使うよりもクラウドの方が自動化できて容量の心配がない．解決パターンの説明で，ここで言うSnapshotがデータのある瞬間のバックアップであると述べているが，次に見るように，実際には，システム全体のバックアップが可能となっている．バックアップを作成するストレージもクラウド上にある（インターネットストレージと呼んでいる）ところがポイントになる．実装については，AWS特有の機能，Amazon Elastic Block Store（Amazon EBS）という仮想ストレージと，クラウド上のストレージサービスであるS3が使われる．クリックしてもよいし，APIで自動化プログラムでもよいというところが利点である．図7.1が構造として載せられている．

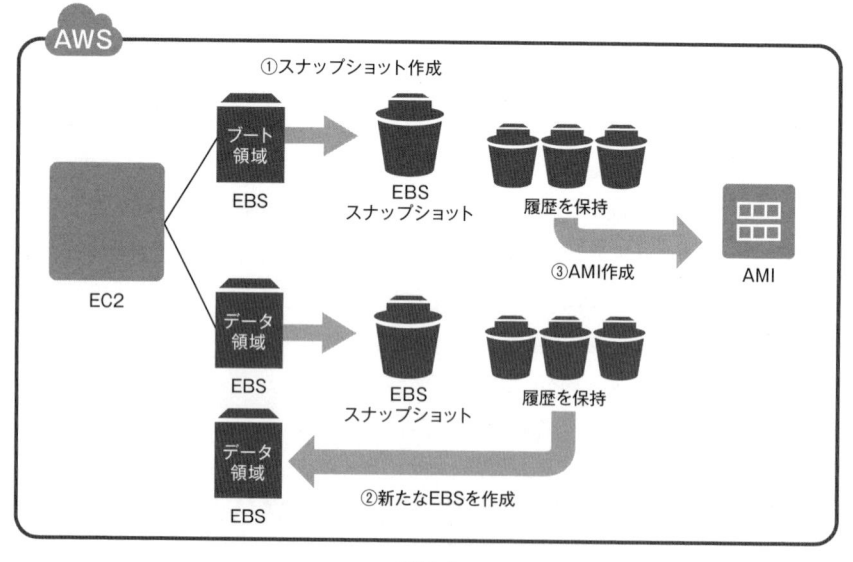

図7.1

　注意点としては，インスタンスを起動したままでスナップショットをとると，データの整合性を一部失うおそれがあるので，キャッシュを吐き出したり，トランザクションを終了させる必要がある．これらは，Amazon EBSのスナップショット機能を使うことの代償とも言えるだろう．スナップショット専用のソフトウェアを作れば，そういった整合性についても配慮した上で処理を

することになるからである．さらに，それを定期的なバックアップソフトウェアとして使うなら，いくら容量は無制限に近いといっても，重複データの削除とか，データ圧縮など市販のバックアップソフトウェアと同等の機能が要求されるだろう．

● Stamp（サーバ複製）

このデザインパターンは，マシンイメージを保存するというので，Snapshotと似たところがあるし，解説の中ではスナップショットという言葉も使われているが，データの複製と，システムイメージの複製とは，作業が変わってくる．クラウドでは，サーバそのものが仮想化されているので，サーバ仮想化の項目（3.1節）でも述べたように，システムイメージを作る作業は容易であり，自動化も可能である．さらに，作ったイメージを自分で保管する必要がないといった利便性がある．実装は，システム（AWSでは，インスタンスと呼ぶ）をたちあげて，データベースやウェブサービスなど必要なソフトウェアをインストールし，動作可能な状態にしてから，AMI（Amazon Machine Image）を取得して登録するという手順になる．利用には，このAMIを起動するだけである．

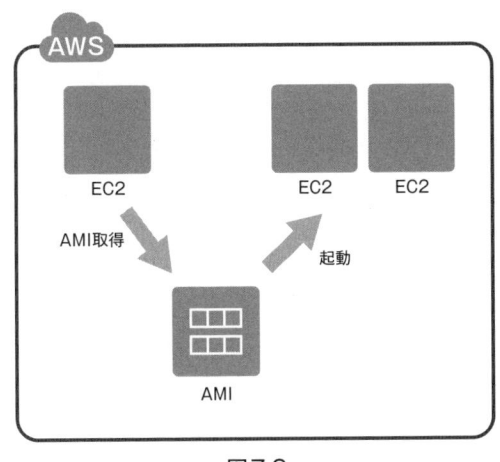

図7.2

注意点には，LinuxとWindowsなどOSごとの手順の違い，まったく同じサーバ環境が立ち上がるので，必要に応じて変更する場合の注意，システムのパッ

チやバージョンアップがあると，AMIに反映するための処理を別途行う必要のあることなどがある．また，運用保守でのBootstrapパターンとの類似性と相違点を学ぶ必要がある．このStampとさきほどのSnapshotとの相違を理解することも重要である．

● Scale Up（サーバ能力の動的な変更）

この課題の説明では，システムを稼働させたあとで，サーバのリソースを今の業務に適切なものにしたいとある．ここでのリソース（資源）は，サーバの能力と呼ばれるものである．かつては，CPUのクロック周波数が決め手となっていたが，今は，サーバの構成を見てもわかるように，複数のCPUがあり，メモリ量や入出力の能力など，様々な選択肢がある．それだけに，従来のシステム開発では，サーバ能力の見積もりは重要な作業だった．

クラウドでも，この見積が重要なことは変わらないが，システム稼働後にサーバの能力を大きくも小さくも変更することが容易になった．図7.3には載っていないが，AWSなど，クラウドサービスプロバイダでは，サーバの能力が適当かどうかの計測や，サーバの変更のためのツールが用意されている．

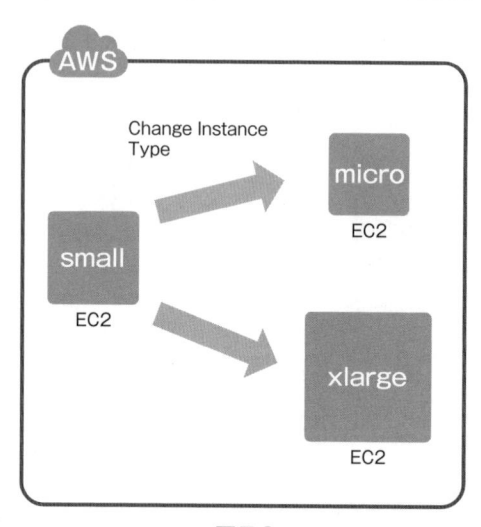

図7.3

このパターンの処理手順は，次のようになる．(1) インスタンスを起動し，システムを構築する．(2) mstatやリソースモニター，CloudWatchな

どでリソース利用量を把握する．(3) スペック不足（または過剰）な場合は，一旦 Amazon EC2 インスタンスを停止し，AWS Management Console の Change Instance Type メニューからインスタンスタイプを変更後，再度起動する．

注意すべき点は，現在の稼働状況の把握が必要なこと，変更には，インスタンス（システム）をまず停止する必要があること，そして，能力に応じたタイプの変更がクラウドでは簡単にできるということである．また，次に述べる ScaleOut パターンとの比較が重要になる．

● Scale Out（サーバ数の動的増減）

このパターンについては，スケールアップが困難な場合に，高トラフィックのリクエストを処理するものであるという説明がされている．理由は，ScaleUp に比べて，ScaleOut の実現には，アプリケーションの設計そのものが対応していなければいけないためである．

実装手順も，図7.4のように，ScaleUp に比べて随分と複雑になっている．

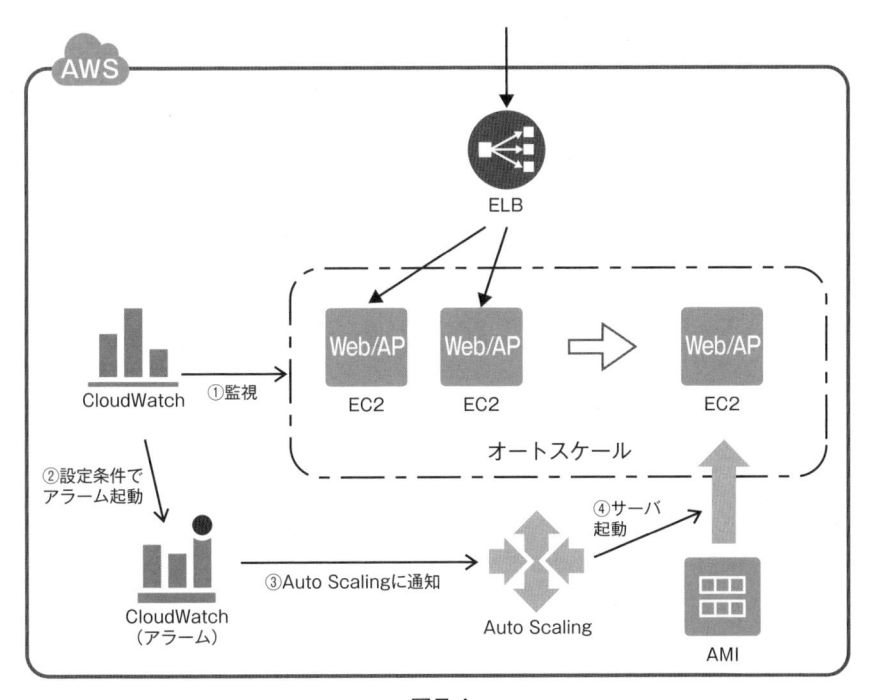

図7.4

必要な三つのサービスとして，ロードバランサーサービス「Elastic Load Balancer」，モニタリングツール「Amazon CloudWatch」，自動でスケールアウトする「Auto Scaling」が挙げられている．従来のシステム開発で，スケールアウトを実現しようと思うと，これらすべてを開発者自身が行うか，このようなツールを自前で作る必要があり，スケールアウトは，敷居の高い技法となっていた．これに対して，クラウドでは，このようなツールが揃っているので，スケールアウトが容易になる．何よりも，多くのクラウドデータセンターが，スケールアウトを基本的な方針として採用しているので，このデザインパターンの信頼性が高いことが大きい．

詳細な手順は，次のようになっている．(1) ELBの配下にAmazon EC2を複数並べる．(2) EC2を新たに起動するときに利用するAMIを作成しておく．(3) Amazon EC2の個数を増減させるトリガーとなる条件（メトリクス）を定義する．(4) そのメトリクスをAmazon CloudWatchを使って監視し，一定の条件を満たすとアラームを出すように設定する．(5) アラームを受けた際，Auto ScalingがAmazon EC2数を増減するように設定する．

特徴的なのは，スケールアウトの場合は，スケールアップと違って，インスタンスを停止する必要がないことである．サーバの増減，ロードバランスとが途切れなく行われる．

● Ondemand Disk（ディスク容量の動的増減）

このパターンは，これまでのサーバではなくて，ディスク容量の変更とRAID構成の変更とを行う．従来のシステムでは，サーバの場合同様，この見積が難しく，ある程度の余裕を見て多めの容量を確保せざるを得なかった．

クラウドでは，必要なときに，ディスク容量を増減して，RAID構成も実現できる．アマゾンの場合は，Amazon EBSという仮想ディスクを使って，このパターンを実現できる．

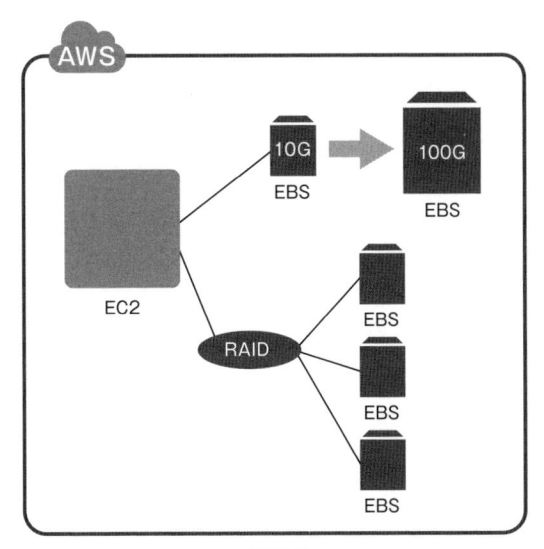

図7.5

　作業手順は，次のようになる．(1) Amazon EBSスナップショットをとり，そのスナップショットを基に新しいAmazon EBSを作成する．(2) 作成時，ボリュームサイズを変更して指定する．(3) 新しいAmazon EBSをAmazon EC2インスタンスにアタッチする．(4) アタッチ後，使用しているファイルシステムのリサイズコマンド（例えばresize2fs）で新しい容量まで領域を拡張する．(5) ストライピングを行う際は，複数のAmazon EBSをアタッチし，mdadmやOSの機能を使用してソフトウエアRAIDのディスク構成にする．

　その他のデザインパターンとしてどんなものがあるかを紹介しよう．

1. 可用性向上
2. 動的コンテンツ処理
3. 静的コンテンツ処理
4. データアップロード
5. 関係データベース
6. バッチ処理
7. 運用保守
8. ネットワーク

- 可用性向上には，Deep Health Check パターン，Floating IP パターン，Multi-Datacenter パターン，Multi-Server パターンという四つのデザインパターンが含まれている．

　Floating IPは，クラウドでのElastic IPアドレスという固定IPアドレスを使って，IPアドレスの付け替えを数秒で行う．Deep Health CheckパターンとMulti-Serverパターンとは，ロードバランサー ELBを使って，すべてのサーバの状態を調べ，ジョブを適切に振り分ける．Multi-Datacenterパターンでは，サーバ単位ではなく，データセンター間での振り分けができる．これらを見ていてよくわかることは，クラウドだから可用性が高いのではなく，クラウド上では，可用性の高いシステムが容易に構築できるので，可用性を支援するツールやサービスが適切な価格で利用できるようになるということであり，結果的に，ほとんどのクラウドシステムが高い可用性を保持するようになるということである．

- 動的コンテンツ処理には，Clone Server, NFS Sharing, NFS Replica, State Sharing, Cache Proxy, Scheduled Scale Out といったデザインパターンがある．動的コンテンツ処理というカテゴリになっているが,中身は，ウェブサービスを前提にして，高負荷に耐えられる可用性をどう確保するかというものである．

　Scheduled Scale Outデザインパターンは，基本的なScale Outデザインパターンの拡張で，本当に高トラフィックな状況では，手動では，Scale Outが間に合わないので自動化して対処しようというものである．
　Clone Serverパターンは，スケールアウトの準備がいまだできていないウェブサービスに対して，簡便な方式として，サーバのマシンイメージを用意するという，これも基本パターンのStampデザインパターンの拡張になっている．もちろん，複製をとるだけでなく，コンテンツ同期の仕掛けは自分で用意しないといけない．それでも，プログラムを全面的に見直して，負荷分散を実現しないといけなかった従来のシステムに比べれば，負荷分散へのハードルが低くなったといえるだろう．
　NFS SharingパターンとNFS Replicaパターンとは，どちらも，NFSサー

バを利用したコンテンツ共有・同期の仕組みを作り，運用するためのものである．コンテンツ配信に関しては，クラウドを手がける各社が，コンテンツ配信サーバなり，コンテンツ配信サービスを手がけていて，AWSでもAmazon CloudFront というサービスが別途用意されている．しかし，このデザインパターンでは，手作りで，このようなコンテンツ配信の基本的な機能を作成することを支援している．クラウド以前の問題だろうが，できあいのシステムを利用するだけでなく，このように手作りでシステムの全部ではなくても一部の機能を組み上げておくという習慣は大事だ．何かのときに役に立つことがある．

　State Sharingパターンは，動的なコンテンツ配信の鍵となる，ユーザ固有のステート情報を，個別のサーバにもたせずに，共有データストアに蓄えておいて，サーバのスケールアウトを容易にするというものである．

　Cache Proxyパターンは，ほかのデザインパターンとは違っていて，スケールアウトではなく，コンテンツをキャッシュするキャッシュサーバをソフトウェアで作って，性能を上げようというものである．専用のキャッシュサーバを導入しないで済ますところがクラウドの本領というべきか．

- 静的コンテンツ処理のデザインパターンは，インターネットストレージを活用してコンテンツ配信をするデザインパターンである．配信という作業だけをとり出せば，サーバの出番なのだが，クラウド環境では，ストレージをこのように活用できるというのが面白い．この中には，URL Rewriting, Rewrite Proxy, Web Storage, Direct Hosting, Private Distribution, Cache Distribution, Private Cache Distribution, Rename Distribution といったパターンが用意されている．

　最初のURL Rewritingパターンは，静的コンテンツのURLをインターネットストレージのURLに変更するもので，直接修正しないでも，Webサーバのフィルター機能を利用して配信時にURLを変更することができる．Rewrite Proxyパターンは，同じ問題に対して，Proxyサーバを用意して，静的コンテンツのアクセス先をインターネットストレージに変更する．

　Web Storageパターンでは，動機が若干異なる．コンテンツ配信にインターネットストレージを利用するのが，容量が大きすぎてネットワーク負荷が課題

139

になるような場合に，インターネットストレージから直接配信する．これは，Amazon S3上では，コンテンツ用のバケット作成と公開設定によって行われる．

　Direct Hostingパターンでは，高トラフィックに対する可用性の問題をサーバのスケールアウトではなくて，インターネットストレージでさばこうというものである．Amazon S3のように，インターネットストレージは，高トラフィックに耐えられるように設計されているということが，当然ながら前提となっている．別の観点では，クラウドのもつ「共有」という側面が，このような形で利用可能ということになる．

　Private Distributionパターンでは，このような共有方式において，特定ユーザ向けのコンテンツ配信をどうするかという課題に答える．これは，インターネットストレージの制限付きURL発行機能を用いて，コンテンツごとに，アクセス元IPアドレスやアクセス可能期間を設定する．

　Cache DistributionパターンとPrivate Cache Distributionパターンとは，キャッシュを利用した世界的なコンテンツ配信を実現するパターンである．Private Cache Distributionでは，特定のユーザ向けの署名付きURL認証機能を利用する．どちらのパターンも，AWSではAmazon CloudFrontというコンテンツ配信サービスを利用する．

　Rename Distributionパターンは，このようなキャッシュサービスを利用したときに，配信されるコンテンツの更新がエッジサーバのデータ更新まで待たないといけないという問題に対して，更新したいファイルを違うファイル名で配置し，アクセスURL自体を変更するという手段で即時更新をかけるという解決法を提示する．

- データアップロードのデザインパターンもインターネットストレージに関係するが，これは配信ではなくて，アップロード側の課題を扱う．Write Proxy，Storage Index，Direct Object Uploadという三つのパターンが用意されている．

　Write Proxyパターンでは，書き込み速度が遅い（これには，冗長性やHTTPプロトコル使用という理由がある）．これに対して，インターネットストレージと同じリージョンにある仮想サーバに，HTTPよりも高速なプロトコルを使ってまず転送してから，インターネットストレージへ再転送すると

いう解決策を示す．

　Storage Indexパターンでは，応答性能の低さを補うために，データ格納時に検索性能の高いKVSへメタ情報を格納しておき，そのメタ情報をインデックスとして利用することにより，KVSから必要な情報をとり出して，インターネットストレージへのアクセスを最低限度にする．

　Direct Object Uploadパターンでは，配信の場合の逆で，アップロード専用のサーバを立てる代わりに，インターネットストレージを使って，そのままアップロードさせる．配信の場合と同様に，サーバ側の負荷をなくすことができる．

- クラウドでは，KVS（Key-Value-Store）が注目を浴びているが，伝統的な関係データベースの利用がなくなるわけではない．関係データベースに関わるクラウドデザインパターンには，DB Replication, Read Replica, Inmemory DB Cache, Sharding Write の四つが用意されている．

　DB Replicationパターンは，BCP（事業継続計画）などに不可欠なデータベースの複製処理をクラウドを用いて，それも，データセンターをリージョンをまたがって利用することで，災害対策をしっかりしたものにしようというパターンである．レプリケーションの操作そのものは簡単だが，実際の災害発生時の復旧処置はしっかりと考えておかないといけない．

　Read Replicaパターンは，データベースアクセスの集中による性能低下を防ぐために，読み込みデータの複製（リードレプリカ）を作って，読み込みを速くするものである．この実装では，AWSの関係データベースサービスAmazon Relational Database Service（Amazon RDS）が提供するReadReplica機能を使っている．

　Inmemory DB Cacheは，データベース性能向上に最近広く用いられているインメモリ機能をクラウド環境で利用するパターンである．実装では，AWSのAmazon ElasticCacheサービスを使うものとオープンソースのmemcachedを使うものとの二つが紹介されている．

　Sharding Writeパターンは，関係データベースの書き込みに対する高速化パターンである．このパターンでは，シャーディング（sharding）というデータベース分割によるスケールアウトの高速化と同時に可用性を高める．

MySQLが提供するSpiderなど，シャーディングを行うためのソフトウェアが別途必要となる．Amazon RDSなどのデータベースをクラウド上に複数用意して，シャーディングを実現する．

- バッチ処理に属するデザインパターンには，Queuing Chain, Priority Queue, Job Observer, Scheduled Autoscaling がある．バッチ処理は，最近では，リソース管理の難しい仕事だとされてきた．バッチウィンドウと称される限られた時間内に大量の処理をしなければならず，そのために必要な計算資源を潤沢に用意すると，それ以外の時間では余ってしまいムダになるが，かといって，少しでも足りないととんでもないシステム障害を招きかねないからである．

Scheduled Autoscalingは，端的な例であるが，バッチウィンドウに対してだけ，クラウド上で一時的に計算資源を必要なだけ確保し，バッチが終わると同時に計算資源を解放するデザインパターンである．これも基本パターンのScaleOutの拡張である．

Queuing Chainパターンは，もっと条件の緩い，一連の業務をこなすために，メッセージキューイングという疎結合な処理で実現する．AWSでは，Amazon Simple Queue Service (Amazon SQS)というキューサービスを実装に使うことができる．

Priority Queueパターンも同じくキューを使うが，この場合は，ジョブスケジューリングでよく用いられるように，優先度がついたキューを処理する．Amazon SQSは，優先度付きのキューもサービスするので，Queuing Chainパターンとは違って，優先度別にキューを分けて使う．

Job Observerパターンは，基本的には，可用性向上で述べたDeep Health Checkパターンの一部になるのだが，Amazon CloudWatchを使って，Amazon SQS内のメッセージ数を調べ，そのジョブリクエストの個数に応じてサーバの個数を増減させる仕組みである．

- 運用保守には，Bootstrap, Cloud DI, Stack Deployment, Server Swapping, Monitoring Integration, Web Storage Archive, Weighted Transition, Hybrid Backup という七つのパターンがある．

このパターン群での基本的な考えは，運用保守という手間がかかると同時に重要な作業をできるだけ自動化することにある．計算資源がクラウド上に用意されていることは，そのような自動化のツールが豊富に用意され，プログラムが簡単に書けるようになっていることを意味している．

　Bootstrapパターンは，基本のStampパターンのように，マシンイメージそのままを起動するのではなくて，ベースになるマシンイメージに対して，初期化に必要なパラメータファイルをインターネットストレージなど別の場所に保管しておき，起動時にそのファイルを使ってブートストラップをかけて，運用に必要な，ミドルウェアなどを整える．Stampパターンよりも起動に手間取るが，必要なバージョンアップなど，柔軟な起動が可能になる．

　Cloud DIパターンは，Bootstrapパターンへの追加になるパターンで，大規模なシステムの起動に向いている．多数のサーバからなるシステムの起動時に各サーバごとに設定情報がある場合に，サーバインスタンスにタグ付けするAmazon EC2の機能を使って，タグ情報という形で設定情報を読み込んで初期化する．

　Stack Deploymentパターンも複雑なシステムを起動するときに利用できるパターンである．これは，AWSCloudFormationというサービスを使い，AWS CloudFormationテンプレートというサーバ起動の情報を用意して，まとめて全システム群を立ち上げる．このAWS CloudFormationサービスでは，立ち上げだけではなくて，運用終了後のシャットダウンも自動的に行うことができる．

　Server Swappingパターンは，仮想サーバでの障害発生時の対応パターンで，可用性でのMultiServerやFloatingIPなどといったパターンが実行されていれば，必要ないと思われる．マシンイメージを用意しておいて，障害発生時にその仮想サーバにデータベースなど実行環境を移すものである．

　Monitoring Integrationパターンは,運用監視の情報の一元化を行うパターンである．Amazon CloudWatchなどのクラウド環境で提供されている運用監視ツールは，実行されているシステム固有の運用情報を扱うことができない．アプリケーションも含めた一元的な運用監視情報を，利用者側で作成するために，クラウドで提供されている運用監視ツールのAPIを利用して，クラウド上の運用情報を入手し，アプリケーション側の運用監視ツールで一元管理する．

　Web Storage Archiveパターンでは,運用情報の蓄積にインターネットスト

レージを使う．運用情報は，システムによっては膨大になる．特に，急激なトラフィック増加など，迅速に運用を変更しなければいけない状況下で，ログ情報などが急増して，ディスクが足りなくなる危険がある．これに対して，クラウド上でインターネットストレージを使っていれば，容量不足の問題が解決する．

　Weighted Transitionパターンは，稼働しているシステム全体を移行するための方式として，DNSサーバの重み付けラウンドロビンという機能を用いて，順次既存システムの一部を新システムに切り替えていく．これには，AWSのAmazon Route S3という名前解決サービスが用いられる．クラウドでなくても，システム移行に際してはこのような配慮がなされていたのだが，クラウド上ではこのようなサービスがあり，移行が容易なので，デザインパターンという形にまとめることができている．

　Hybrid Backupというパターンは，災害対策として，クラウド化されていない，いわゆるオンプレミスのシステムとクラウドシステムとを連携して，災害対策用のバックアップをとるという概念的な方式を示している．オンプレミス上のシステム固有の条件を考慮しないといけないので，実装パターンまでは示されていない．

- ネットワークのグループには，OnDemand NAT, Backnet, Functional Firewall, Operational Firewall, Multi Load Balancer, WAF Proxy, CloudHub というデザインパターンがある．

　これらは，運用保守のカテゴリになっていてもおかしくないものだが，ファイアウォールなどネットワークセキュリティに関係するので，このようにまとめられている．クラウド上では，サーバやデータだけでなく，ネットワークの扱いが容易になるという点も見逃せない．

　OnDemand NATパターンは，セキュリティの確保されたシステム内のサーバから外部へのアクセスに対して用いるNAT（Network Address Translation）サーバを，クラウド上で必要なときにだけ，仮想サーバで実現する方式を示す．Amazon Virtual Private Cloud（仮想プライベートクラウド）（Amazon VPC）では，NATインスタンスを作成する機能と，サブネットごとにルーティングを設定する機能が用意されている．これを使ってNAT経由

のアクセスが可能になり，アップデートなど必要な処理が終われば，NATサーバを削除できる．

Backnetパターンは，サーバに対して，公開用のネットワークインタフェースのほかに，管理用のネットワークインタフェースを設けるバックネット機能をクラウド上で実現する．これも，Amazon VPCが提供するENI（仮想ネットワークインタフェース）を用いて，二つのENIの片方を公開用，もう片方を管理用とし，必要なルーティング設定を行う．

Functional FirewallパターンとOperational Firewallパターンとは，どちらもファイアウォールの管理運用に関するデザインパターンである．重要なことは，クラウド上でも，仮想化されたファイアウォールが利用可能であり，大規模システムでは，当然ながらファイアウォールの設定・運用がなされているということである．

Functional Firewallパターンでは，機能ごとに仮想化ファイアウォール（AWSではセキュリティグループという名前で提供されている）を設定して，管理する．Operational Firewallパターンでは，仮想化ファイアウォールのグループを，ログイン，監視，バックアップ，管理コンソール，保守作業時のアクセス関係などの設定を作業グループごとに設定して管理を容易にする．

Multi Load Balancerパターンでは，最近のウェブアプリケーションに見られるように，様々なデバイスからのアクセスに際して，デバイスごとにSSLやセッション振り分けなどの処理を，個別のサーバで行わず，仮想ロードバランサー（AWSではELB）で行う．これによって，スケールアウトの対応などが容易になる．さらに，デバイスごとのアクセス処理をロードバランサーで集中的に管理できる．

WAF Proxyパターンは，WAF（Web Application Firewall）をプロキシサーバにインストールして，ウェブサーバのセキュリティを高める．これは，とりあえずスタートしたシステムでは，WAFが設定されておらず，サーバ台数が決まっていないと導入が困難だったという問題を解決する．

CloudHubパターンは，VPN（仮想プライベートネットワーク）運用時の，VPNハブをクラウド上で代替するものである．具体的な実装では，AWSの場合，Amazon VPC（仮想プライベートクラウド）の提供しているVPN接続機能を利用して，Amazon VPCをVPNハブとして運用する．

コラム

Amazon の強さ，Google の強さ
─ クラウドとどう関係するのか

　コンピュータや通信など，情報通信に関係する企業の中で，AmazonとGoogleの強さが際立っている．この両社に共通するのがクラウド事業であることを考えると，クラウド事業というのは，儲かるものなのかと問う人もいるだろう．その答えは，簡単ではない．Googleにとってクラウド事業は，検索を始めとする各種事業を支える基盤であることが本質だろう．一方で，Amazonでは，クラウド事業が今後のビジネスの基幹となることが予想されている．

　両社ともに，貪欲な開発投資が強さの源であることはよく知られている．クラウド基盤へのハードウェア，ソフトウェア，さらにクラウドセンター設備への投資は，両社の強さの象徴でもある．では，同じくクラウドに投資して，それなりの評価を得ているマイクロソフトやIBMなどはどうなのだろう．ついでに，日本のクラウド事業会社はどうだろうか．

　マイクロソフトは，クラウドサービスを基幹サービスとして訴求できていないようだ．IBMもそうだが，マイクロソフトにしても，クラウドがなくなっても，事業そのものが危機になるほど，クラウドが本質的ではないのではないか．これに対して，AmazonやGoogleは，もしもクラウドが機能しなくなったら，ビジネスそのものが破綻するはずだ．

　両社の強さは，事業開発の過程でクラウドが必要な基盤であることを自覚したことと，そのクラウドを強化する過程で，クラウドサービスの可能性に気付き，サービスを提供したことにある．新規事業というものは，多くがそのような過程を経るものだろうが，それが，情報基盤だったということで，両社は優位性を獲得した．

　日本のクラウド事業者は，マイクロソフトやIBMと比べても規模において劣る．事業が成り立っているのは，AmazonやGoogleの提供できないサービスがあるからだが，そのようなローカルなサービスが世界的な規模でどう発展するのかを問うと，その答えは否定的だ．むしろ，ローカルな特色を活かすことで，ビジネスとして生き延びることが基本戦略になるだろう．

第8章 クラウドのビジネス活用

　情報インフラストラクチャとしてのクラウドは，当然ながら，経営の現場でビジネスにも活用される．多くのビジネス書やウェブ，雑誌などにもとりあげられているが，いくつかのポイントをとりあげておこう．

8.1 事業継続を支えるクラウド

　冒頭の1.1節「2011年3月11日の東日本大震災が示したもの」でも示されたように，クラウドという情報インフラは，危機的状況において，事業継続性を支えることができる．事業継続計画 (Business Continuity Plan, BCP) を作るときに，情報インフラストラクチャに欠かせないのがクラウド活用であることは，今や常識になろうとしている [戸村11, 12]．

　しかし，具体的にBCPにおいて，あるいは，事業継続を念頭に置いて，どうクラウドを考えていけばいいのかという点になると，具体的な議論や対策がきちんとまとめられていないようである．例えば，中小企業庁のホームページには，中小企業BCP策定運用指針というページ (http://www.chusho.meti.go.jp/bcp/index.html) がある．しかし，この指針の中には，クラウドという単語は一つも現れていない．ウィルス対策については，かなり詳細に記述されているにもかかわらず，また，情報についてのコピー，バックアップは述べられているにもかかわらずである．

　一般的に，危機対応である事業継続計画は，危機が実際に発生してからでは手遅れになる．一方で，様々に起こりうる危機を想定し，万全の対策をとったつもりでいても，実際の危機は，そのような想定の範囲内に都合よく収まってはくれない．従来の想定の範囲外のことについても常に検討し，実際の危機の現場では，その場で（結果的には，事後になってはじめてわかる）最適もしくは次善の策を迅速に打っていかないといけない．また，緊急時の非常食や設備について，常に言われていることだが，本当に食べることができるのか，設備が稼働するのかを定期的に調べて，確認しておかないと，本当に危機に直面したときに役立たないという悲劇的な結果を招く．さらには，いくら立

147

派な計画を立てても，実行が伴わなければ，何の役にも立たないということがある．これまた，3・11および福島第一原発の事故で我々が身にしみて感じたことである．

　BCPの情報処理部分に関して，クラウドだけが唯一の解でもないし，あとで述べるように，クラウドを採用したからすべてが解決するわけではないというただし書きをおいた上で，クラウドを用いたBCPとその運用について，基本的なことをまとめておこう．

　まず最初に，企業経営における，ヒト，モノ，カネ，情報という4要素をBCPの中でどのように計画するかである．これらは，相互に関連するので，どれか一つが欠けても支障をきたす．ヒトが居なければ，ほかの三つがあっても事業はできない．情報がなければ，顧客に対しても，従業員に対しても，そのほかのパートナーに対しても，現状がどうであり，今後どうするかということを伝えることができない．

　第二に，普段は使わないで危機になったときだけ，クラウドを使うということは，実際にはできないということがある．非常時に対応するためには，普段からその使用に慣れていることが重要だからである．BCPでクラウドを活用するためには，通常業務の中でクラウドを活用する場面を作っておく必要がある．実際に，バックアップとしてクラウドを使うためには，通常業務の中でバックアップ作業を設けておかねばならない．

　第三に，クラウドが使えなくなる事態をきちんと考えておかないといけない．BCPにおいて重要なことは，常に想定外の事態が起こるということと，「万全な」対策などというものは存在しないという2大原則である．すでに見てきたように，クラウドという情報インフラストラクチャは，インターネットを始めとする通信網で支えられており，その通信網はまた，電力というインフラで支えられている．3・11でも明らかになったのは，電源がなくなると通信インフラそのものが機能しないという事態に直面する．もちろん，今回の被害を教訓として，飛行船による無線通信インフラの代替など様々なバックアップ方式が検討され，実用に供されるようになっているから，同程度の被害に対しては，次回は，通信インフラに対する処置は，より円滑なものになっているだろうが，そもそも，同程度の被害で済むのかどうかもわからない．地球全体が破壊的な被害にあったような場合は，どうしようもないのだ

ろうが，もしも，局地的な被害であるならば，クラウドが使えるような地域で，どのように事業継続の手立てを打つことができるか，ヒトの避難だけでなく，情報の避難先，そして，避難先での立ち上げを考えねばならない．

　第四に，緊急事態を想定した訓練の実施である．どの程度の訓練をどれぐらいの頻度で行うのがよいかが問題になるが，これも3・11で明らかになったのは，おざなりの訓練は場合によっては逆効果になるということであった．やるなら，かなり徹底した訓練を実施して，どの程度のことがどの程度の時間でできるのかを見ておく必要がある．バックアップだけをクラウドにおいた場合，そのバックアップをとり出すのにどの程度の手間がかかるのか．とり出して稼働させるのは，どのような環境なのか．前項でも述べたように，クラウドへのアクセスができない，あるいは，肝心のクラウドがダメになっていたら，バックアップはどうするのかといったことを訓練で確かめておかないといけない．通常の業務を続けながら訓練することが難しいなら，あえて，非常事態と同じく，1日を通常業務休止日として訓練する方法もあるだろう．その場合には，パートナーを巻き込んだ大規模な訓練すら可能かもしれない．

　そこまで大規模でなくても，頭のなかでの想定のような，想定訓練であるなら，これは，毎年のように実施することも可能だろう．最悪の事態を想定することは，自社の価値とはなんであったかというような，根本的な問題を考えるいい機会となる．6.3.2項「ITセキュリティの基本」でも述べたが，BCPにおいても，最も肝心なことは，自社の価値とは何か，緊急事態に何より守らなければならないのは何かということを，社員のみならず，パートナーも含めて共有しておくことが，言わば生命線となる．

　これらの基本的な事柄を心得た上で，事業継続計画においてクラウドを採用することは，ビジネスの中でのクラウドの位置付けに，事業継続という項目を挿入することになる．クラウドの位置付けに，ほかの項目はどうなのかという点は，このあと8.2, 8.3節で見ていく．クラウド以外の事業継続のポイントはどうなのだろうか．これもまた，最初の，ヒト，モノ，カネといったビジネス構成要素をどうするかに関わるし，ほかでも書かれているので簡単に触れるが，ビジネスというものが社会的な関わりそのものであることを考慮すれば，やはり，ヒトの確保（それは，従業員だけでなく，顧客やパートナーを含む）が最優先だろう．その連絡のために，情報インフラが欠かせないと

いうことになる．

クラウドというインフラは，ヒトがどこに居ても事業継続に関われるようにするための情報インフラだということになる．

8.2 モバイルビジネスを支えるクラウド

これからのビジネスのキーワードとして，モバイルは欠かせない（ちなみに，ほかのキーワードといえば，生体とエネルギーだろう）．いつでもどこでも，誰かと連絡をとりたいというのが，人類の昔からの夢だった．今や，モバイル通信は，その夢を，まだ完全ではないが，ほぼ実現するところまでこぎつけている．そのモバイル通信サービスのインフラストラクチャ上に，モバイルビジネスが花咲こうとしている．クラウドもまた，このモバイルビジネスを支えるために使われ始め出している．いや，モバイルビジネスにはクラウドが不可欠だという人もいる．

まず，モバイルビジネスの特徴から見ていこう．モバイルビジネスとは，携帯電話やスマートフォン，タブレットなどを含めたモバイル端末（これは，2.3節で述べたクラウドデバイスとほぼ重なる）の利用者をターゲットにして行われるビジネスを指す．大きな特徴は，2.3節「クラウドデバイス」でも述べたように，70億人と言われる世界人口にほぼ匹敵する膨大な利用者数を抱えるということである．

インターネットの利用者数＝モバイル利用者数という現象が，世界中で起こりつつある．例えば，ゲーム業界であるが，今や，モバイル通信端末でのゲーム人口，ゲームの売上が，ゲーム端末での利用者数，売上をはるかに上回り，ゲーム機専業の任天堂が2014年3月期に3期連続の赤字になる［ロイター 14］などという事態が起こっている．また，ネット通販の世界でも，モバイル端末経由の購入，あるいは，モバイル端末による決済が急速に伸びている．

モバイルビジネスの現在の特徴のもう一つは，変動の激しさである．例えば，無料通信アプリであるLINEの利用者数の急増度合いは，スマートフォンの普及度合いを上回っている．プラットフォームであるクラウドデバイスの普及に伴い，アプリであるとか，利用の普及が加速度的に進むことが可能と

なっている．

　このような利用量の変動の激しいビジネスには，クラウドが適している．新たに起業する場合も含めて，モバイルビジネスでは，クラウドの利用が前提になっていると言える．一方で，アマゾンなど，クラウド事業者からは，モバイルビジネスが顧客セグメントとして重要になっているという話が聞こえるので，モバイルビジネスの構成要素として，クラウドサービスが組み込まれているというのが現状であろう．

　モバイルビジネスの今後は，いわゆる百ドルスマホなどの低価格品を中心としたスマートフォンのさらなる普及や，スクエア (Square) などのモバイル決済の普及によって，量的な拡大が確実視されている．利益をどう確保するのかという問題を別にすれば，モバイル利用がさらに増加することによって，ビジネスの機会は飛躍的に増大するだろう．

　世界全域に渡るモバイルネットワークの構築には，技術的な課題だけでなく，法律や商習慣を含めて，これから解決していかなくてはならない課題が山積みだから，モバイル利用者の増大がそのままモバイルビジネスの拡大にはつながらないだろうが，未来の方向性がモバイルにあるというのは，多くの人が納得する結論である．

　クラウドサービスは，このモバイルビジネスを支えるものとして欠かせない存在になるわけだが，将来のいつかの時点でモバイルネットワークが安定性を獲得したとき，クラウドサービスもまたモバイル上でのサービスに力を入れることになるだろう．そのときには，クラウドの発展とモバイルの発展とが，手に手をとって新たな可能性を拓くようになるに違いない．

8.3　これからの経営とクラウド

　これまで述べてきたように，クラウドの技術要素を単体としてとり出せば，ほとんどは，一般のICT技術要素に含まれてしまう．そのために，クラウドを情報サービスの一形態としか考えない立場があり，その立場からは，「これからの経営とクラウド」というテーマは，「これからの経営と情報システム」というテーマの一部でしかなく，その立場では，従来から様々に議論されている，経営と情報システムとの関係に特に新たなことはないという結論になる．

第8章 クラウドのビジネス活用

しかし，本書で述べてきたことは，情報インフラストラクチャとしてのクラウドは，極端な言い方をすれば，私達の時代になって初めて出現したものであり，これからの経営では真摯に向き合う必要があるだろう．

クラウド出現以前の情報システムは，組織単位で維持されていた．その状況を，カーは，かつての発電機の状況と比較した [Carr08]．電気というエネルギーインフラが，ビジネスのみならず社会のあり方をどのように変えたかという物語である．しかし，発電機が工場ごとに設置されていた時代を思い起こすことは，現在に生きる私達には難しい．それどころか，昨今のフクシマ以降のエネルギー新時代では，各家庭が自家用の発電，蓄電装置を備えることが論じられているので，未来はその方向ではないかという議論でこんがらがる人もいるだろう．

そこで，例としては，道路などの物流インフラをとりあげて説明しよう．戦前の日本では，物流インフラの整備は，鉄道止まりだった．有名な話だが，零戦が三菱や中島飛行機で作られたあと，軍隊に配備するのに，日本の道路事情が悪くて，牛車で運んだという [三野05]．道路というインフラの整備が，ビジネスにとって，どのように重要かということは，容易に見てとれる．

次に，宅配便に代表される物流インフラ業者の出現が，どのようにビジネスに影響したかを考えてみよう．これは，情報インフラにおけるクラウドの出現に非常に似通っているように思えるからだ．

筆者などが，郷里から東京の大学に出てきた1960年代では，個人が荷物を送るのは，郵便小包か，鉄道小荷物しかなかった．宅配便に代表されるような荷物は，鉄道便でなければ，貨物輸送業者に委託しなければならず，値段も手間も大変なものだった．その当時の企業の多くは，自前で物流を処理するか，企業に委託するしかないという，クラウド出現以前の情報システム構築運営を同じ状況にあった．

1976年にヤマト運輸が始めた宅配便は，個人をターゲットにしていたが，現在の状況を見れば，企業利用が圧倒的に多数を占めることがわかる．個人でも利用できるという特徴が，個人への配送というビジネス利用に成長したのだと見ることができる．

同時に，輸送費という観点で見たときに，宅配便の導入によって，輸送単価が激減したのも見てとれるだろう．それだから，ビジネス利用が激増した

のだということも理解できる．しかし，宅配便のビジネス利用を低価格という観点だけで見ていては，本質を見誤るだろう．代引きに見られるような決済サービスなど，宅配便は，ビジネス利用の観点での新たな価値を次々に生み出している．このダイナミズムこそが，物流インフラとしての宅配便の真の強さであるし，それが宅配便を利用するビジネスにとっての魅力でもある．

　これからの経営にとってのクラウドも同じようなとり扱いが必要である．宅配便が普及しても，自前の配送，あるいは，専門業者の配送を使う組織は存在する．同様に，クラウドがどれだけ普及しても，自前の情報システム，あるいは，専門業者による情報システム委託ということは，なくなるはずがない．

　一方で，宅配便利用と同様に，クラウド利用の局面もさらに広がる可能性がある．モバイルビジネスに代表されるように，これから出現する多くの新規事業が，その情報インフラとしてクラウドを使っているが，既存事業においても，新たなとり組みのために，クラウドを利用して情報システムを構築することは，ごく普通に行われるようになっている．

　クラウドのビジネス利用については，セキュリティの問題が論じられてきたが，物流におけるセキュリティと同様に，リスクマネジメントさえしっかりしていれば，クラウドの利用が致命的なセキュリティ上の欠陥に結びつくことはないだろう．むしろ，BCPなど災害対策の一環としては，クラウドが必須となっているのが現状だ．

　ヒト，モノ，カネというビジネスの三要素に情報が入るようになってから，かなりの年数が経った．情報システムの選択肢の中にクラウドが入るようになってから，まだ10年経っていない．しかし，情報システムの今後は，まずクラウドベースのシステムがあり，それと，自前の情報システム，あるいは，顧客と社員などのクラウドデバイスとをどのように結びつけて，ビジネスの可能性を探るかという時代に来ている．

　もちろん，宅配便の普及には，道路網を含めたベースとなる物流インフラの整備が欠かせなかったように，クラウドにおいても，ベースとなる情報通信インフラの整備，端末となる情報機器の低価格化，高性能化が欠かせないことは，これも本書で述べてきたとおりである．

　物流インフラが，今話題になっている自動車の無人運転，あるいは，無人

飛行機による配送などによって，今後も大きく発展し，変貌していくように，情報インフラもまた，量子コンピュータなど新たな計算装置の出現，ウェアラブル端末など新たなクラウドデバイスの出現，さらには，IoT（モノのインターネット）の普及にともなって，大きく発展し，変貌していくに違いない．

　それは，ビジネスのクラウド利用に様々な機会（opportunity）と可能性をもたらすものである．これからの経営におけるクラウド利用は，そのような観点からは，まだ緒についたばかりということが言えるだろう．

コラム

経営者にとってのクラウド
― 何が違うのか？

　「経営者にとって」と大上段に振りかざしたが，残念ながら，個人事業主もまだ1年立たないし，大企業を経営した経験はないのだけれど，大企業の中での経営者を見聞きしていた経験などをベースに少し思っていることを述べてみよう．具体的な対策などは，［戸村11, 12］などを見てもらえばいいだろう．

　経営者にとってのクラウドといえば，とりあえずは，クラウドを採用するかどうかについての経営者の判断ということになると思うが，これは，クラウドにかぎらず，インフラストラクチャに関するものごとについての組織の判断，決断に関することだと私は思っている．これがなぜ，「経営者」にまで行ってしまうかは，個別の材料であったり，顧客であったらどうかを考えればいい．そういう個別の事業というか，日常業務に関する事柄は，むしろ，現場の長のほうが判断できる．経営者が出て行ってもいいけれど，そんなことを経営者でないとできないとしたら，そちらのほうが問題だ．

　しかし，クラウドのようにインフラストラクチャの問題になると，現場の長では判断できない．理由は，インフラストラクチャが企業全体の生産性に関わり，その評価もまた，組織全体で，しかも，ある程度長期間の使用を前提にしないと評価できないからだ．個別案件は，現場で，儲けがどうなるか，どれだけ有益かを評価できる．インフラストラクチャは，組織全体で評価するしかないし，その効果も大きな枠組で評価しないといけない．それは，企業の価値はどこにあり，これから先どこへ向かうかという方向に関わってくる．

　クラウドの採用の是非，あるいは，クラウドをどう活用するかは，その意味では，経営者の力量を発揮する場でもある．ビジョンを明確にし，将来像をあらゆるステークホルダーとわかち合うには，クラウドというインフラストラクチャの活用は，最適な場と言えよう．

第9章 クラウドの本質、将来、方向性と課題

　クラウドの将来とその課題を語ることは難しい．それは，我々の未来を語ることに重なるからである．一方で，この数年間で，クラウドの将来とその課題については,語るだけの価値があることもはっきりした．クラウドは,我々の現在に関わり，さらに，我々の未来に関わっていることが認識されてきたからだ．数年前は，「クラウドは，ベンダーのいつものバズワードに過ぎず，技術的に何の新規性もない」という見方がけっこうあって，しかも，そういうことを語る人たちが,有識者とか専門家とか言われる人々だったので,結構，面倒だと感じたものだ［黒川・日高10］．今では，クラウドが定着しただけでなく，今後の情報通信技術やシステムで，中心的な役割を担うことがはっきりしてきた．

　それでも，クラウドのブームは過ぎ去ったとか，期待していたほどのコスト節減ができなかった，さらには，クラウドのもつ危険性が，明らかになりつつあるといったような報道があいついでいる．例えば，ガートナー社の2013年8月発表の今後の技術に関するハイプサイクルでは，クラウドコンピューティングは，次の図9.1のように幻滅期にある［Gartner13］．

　しかし，このような状況だからこそ,基本的な部分と，課題および限界をはっきりさせることが重要だろう．本章では，クラウドの将来を展望して，その可能性と課題を論じるが，そのためにも，まず，復習として，すでに，第1章「クラウドの歴史」で学んだことと重なる部分もあるが，何が一体クラウドの本質かを再度論じることにする．

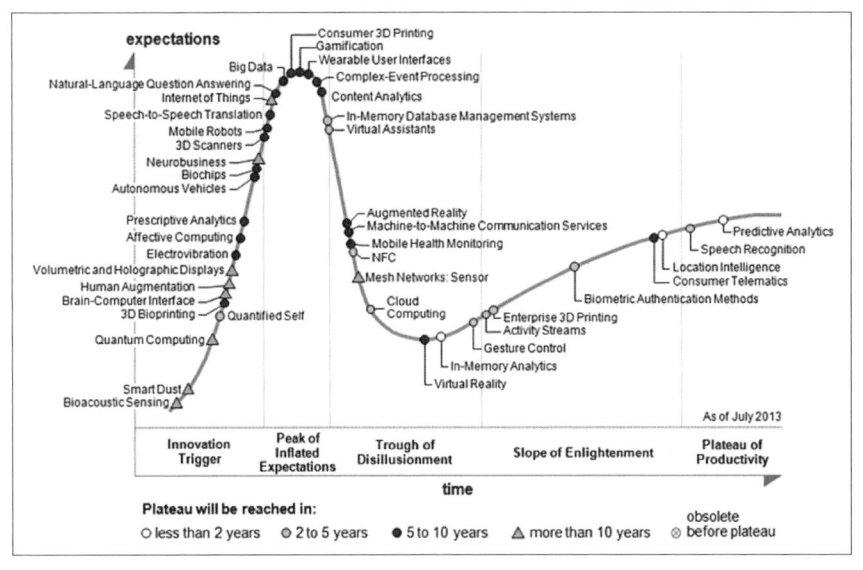

図9.1 ガートナーの今後の技術のハイプサイクル [Gartner13]

● ハイプサイクル

英語ではHype Curveなので，そのままハイプカーブと呼ぶ人もいる．Wikipediaによると，技術コンサルティング会社のガートナーが1955年から先端技術の説明に用い始めたもので，次のような五つの段階を経て先端技術が受け入れられるとする．そして，その技術や製品がどの段階にあるかによって，組織がその先端技術に対してどう接すればいいかがわかるとする．5段階は，次のようになっている．

1. 黎明期（Technology Trigger）- 最初の段階．技術的なブレークスルー．新製品発表やそのほかのイベントで，関心が高まる．
2. 流行期（Peak of Inflated Expectations）- 世間が注目し，過度で非現実的な期待が生じる．結果的に，多くの失敗がでる．
3. 幻滅期（Trough of Disillusionment）- 過度な期待の反動として，幻滅のくぼ地に入る．メディアから見捨てられる．
4. 回復期（Slope of Enlightenment）- いくつかの事業が啓蒙の坂を登り，利点と適用方法が理解されるようになる．

5. 安定期（Plateau of Productivity）- 広範に受け入れられるようになり，生産性の台地に到達するが，その標高は，その技術の適用可能性に依存して決まる．

「ハイプ」という言葉には，誇大宣言という意味があり，先端技術や先端的製品が喧伝されているほどに役立つのかどうかという疑念がよくあるので，「それはハイプだ」というような言い方をしていた．ガートナーは，先端技術のマーケティングに関わっているので，このような図を出して，傾向や評価をわかりやすくしているということだが，個別の技術，例えば，クラウドにとってこれがどう役立つかということよりも，あらゆる先端的な技術や製品において，上のような発展段階があることを知っておくのは，技術に対する態度として有用だろう．例えば，Wikipediaに掲載されていた2009年のハイプサイクルは，次の図9.2のようになっていて，クラウドはハイプの絶頂期にあると描かれている．

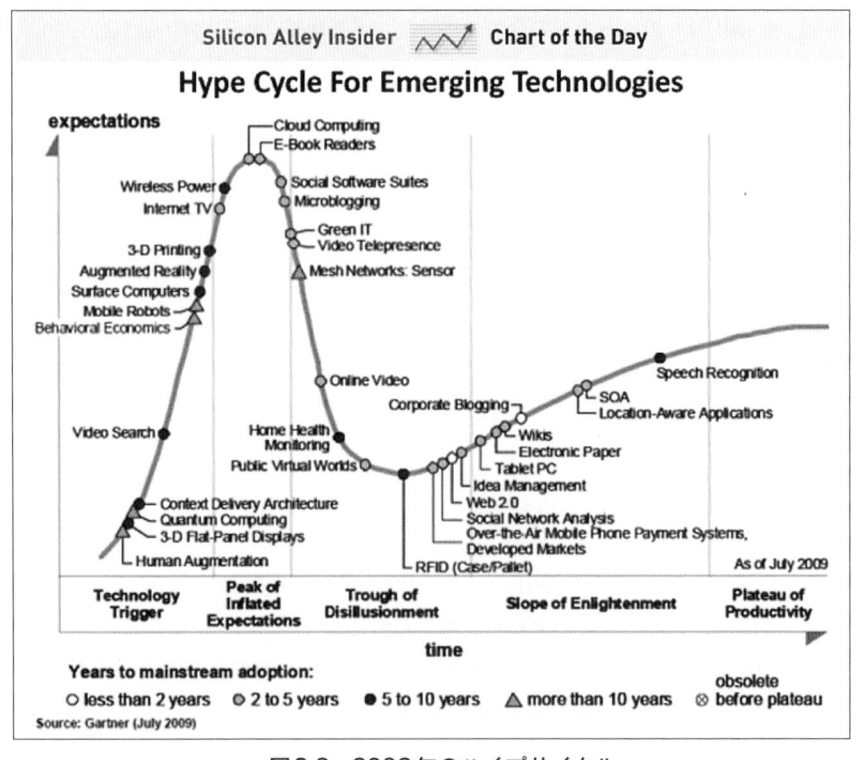

図9.2　2009年のハイプサイクル

> **クラウドの定義 ❺**
> ネットワーク，特にインターネットをベースとしたコンピュータ資源の利用形態である

9.1 クラウドの本質

　これまでの章で述べた，クラウドについての歴史と，アーキテクチャ，エコシステムや技術要素などについての説明から，さらには，実際にクラウドを試験的に使ってみた体験から，クラウドとはどんなものかわかったと思う．しかし，それでも，クラウドの本質は何かということを簡潔に述べることは，結構難しいはずだ．

　例えば，Wikipediaで「クラウドコンピューティング」の項目を見ると (http://ja.wikipedia.org/wiki/%E3%82%AF%E3%83%A9%E3%82%A6%E3%83%89%E3%82%B3%E3%83%B3%E3%83%94%E3%83%A5%E3%83%BC%E3%83%86%E3%82%A3%E3%83%B3%E3%82%B0)，「ネットワーク,特にインターネットをベースとしたコンピュータ資源の利用形態である」と冒頭に書かれている．この定義では，いわゆるネットワークコンピューティングと，クラウドコンピューティングとがどう違うかわからないのではないだろうか．

　さらには，普通に，PCなどコンピュータの端末からウェブを使うこととiPadのようなタブレット，あるいは，スマートフォンからアプリを使うことと，クラウドとがどのように関係しているのかが，さっぱりわからないではないだろうか．例えば，現在のWikipediaでは，クラウドでは「クラウドサービス利用料金を支払う」とあるが，これはアマゾンのAmazon Web Services, MicrosoftのAzureなどを直接使っている利用者にしか明示されていない．そのほかの大半の利用者は，クラウドサービス利用料金を払わないで，クラウドサービスをそれと気付かずに利用している．

　これは，重要なところである．クラウドの本質の一つは，情報処理，最近では通信を含めてICT処理と呼んだり，あるいは，いまだにコンピュータを電子計算機と呼んでいた時代の言葉で，計算（コンピューティング）という言

159

葉も使われたりするのだが，その詳細を覆い隠すところにある．いわば，すべての実際の活動を，雲（クラウド）の彼方に追いやってしまい，利用者には，その成果，結果だけを提示するところにある．雲の彼方で，実際に起こっていることについては，基本的には何も知らなくてもいいというわけである（これは，あとでも補足するが，現代社会の隅々で生じている現象でもある）．

> **クラウドの定義 ❻**
> 計算（情報処理）の詳細を覆い隠すもの

　本質の第二は，このような隠蔽（専門的には，情報隠蔽（information hiding）という用語が用いられる）を実現するために，高度な技術と，大量の計算資源，通信資源がふんだんに用いられていることである．クラウドが，21世紀のキーワードとして使われるのは，このような質的な充実，量的な圧倒が，今世紀になるまでは実現できなかったという産業技術の現実がある．

　スマートフォンやタブレットを指して，何十年も前に考えられていたという指摘がよくある．それどころか，例えば，Apple社が1990年代に行ったNewtonプロジェクトのように概念と目指した機能はまったく同じような商品が存在したりする．人間の思いつくアイデアがそんなにおかしなはずはなくて，アイデアそのものは昔からあったのだ．しかし，同じく何十年も前に考えられていた宇宙旅行と比較すれば，産業技術の進歩が，IT分野と宇宙分野とでどのようなものだったかを理解できるはずだ．宇宙旅行に必要な技術は，いまだに，軍事という特殊目的用途であって，一般的な産業技術になっていない．だから，誰でもスマートフォンやタブレットをもてる時代になったのにもかかわらず，誰もが宇宙旅行にいけるようにはまだなっていない[※1]．

　クラウドは本質的に，産業技術に依存しており，研究室に閉じ込められる技術ではない．クラウドの技術要素を部分分解するときに陥る落とし穴は，

※1 日本の電子産業を中心にした産業界の苦境は，日本が先導した産業技術の進展の結果である．苦い真実というところだが，半導体を中心に，低価格化を先導した日本の産業技術が，さらなる低価格化を求めてアジア新興国地域に進出できるような技術発展を日本が先導し支えたことは，誇りをもってよい事実だ．多くのクラウドセンターで聞かれるのも，部品としての日本製品の素晴らしさである．惜しむらくは，日本国内への研究開発投資削減と，日本の研究開発環境の遅れとがあいまって，クラウド技術を先導する機会を逃したことである．

個別要素は，はるか以前に論文上で提案されていたり，実験室で試されたことがあるので，新規性がないと早合点してしまうことである．そのような実験と，現実に運用することには，大きな距離がある．例えば，クラウドセンターの実現・運用技術などは，実際の運用を行い，利用者の声を反映することによって初めて，その本来の機能や価値が理解される．

宇宙技術もコンピュータ技術もインターネットを含む多くの通信技術も，歴史を遡れば軍事技術にその発祥がある．しかし，宇宙技術は，軍事用と宇宙開発など特殊用途に閉じ込められたままであった．これに対して，コンピュータや通信技術は，広く民生用に使われるようになった．集積回路が一時，「産業のコメ」と呼ばれたことは象徴的だが，これだって，シリコンバレーに種が蒔かれた時期には，軍用が主たる需要先であった．半導体に関して言えば，今なお，ムーアの法則にしたがって，素子の低価格化，高機能化が進んでいることは驚異的としか言いようがない．

クラウドの定義 ❼
インフラストラクチャ，メディアとしての役割を果たすもの

さて，クラウドの本質の第三は，クラウドが，現代の産業や社会を支えるインフラストラクチャであり，新聞や放送と同じく（本来の「媒体」という意味での）メディアとしての役割を果たしているということである．インフラストラクチャであるから，誰もが，いつでも，どこでも，比較的安価に，安定して利用することができる．既存のインフラストラクチャである，電気，ガス，水道，道路，金融機関などを考えたらわかるように，クラウドは，情報という資源を運ぶインフラストラクチャである．そして，新聞，放送，社会制度などと同様に，メディアとしては，メッセージをその情報の上に載せ，利用者はインフラの詳細を気にすることなく，メッセージの授受に集中することができる．

インフラやメディアとしてのクラウドの本質は，従来の技術論では，把握することが難しくて，「それは技術ではない」とか，「それは付随的な現象であって，本質ではない」として，無視されたり，拒絶されるのが常であった．歴史を振り返っても，Amazonにしても，Googleにしても，本業を支えるコンピュータインフラを一般ユーザにも使えるように，安価に提供したのがクラ

ウドサービスの契機となっている．それが，ある意味では，インフラストラクチャとしてのクラウドの祖型だということがいえる．

そして，クラウドの革新性の根源は，このインフラとしての位置付けにあり，これ以前に述べた，情報隠蔽や質量の凌駕という二つの本質は，このインフラとしての特性を満足するためにあるといっても過言ではない．さらには，次節以降で述べる将来性の議論においても，このインフラとしての本質が，当然ながら重要な意味をもつ．

かつて，電子計算機と呼ばれたコンピュータは，1940年代，1950年代には，非常に高価な製品であり，限られた人しか使うことができなかった（古代に遡れば，計算は，支配階級の特権であったという）．コンピュータの駆動原理は，現在でも当時と同じであるが，利用者の態度，問題が生じたときの利用者の反応は，クラウドとコンピュータとでは雲泥の差がある．

コンピュータの故障や障害は，例えばPCを例にとれば，日常茶飯事で，特に話題になりもしないし，影響は，その利用者にほぼ限られる．ところが，クラウドの障害は，Googleの2009年の障害でも大ニュースだった．人々の態度は，電話会社が携帯電話網で障害を起こした場合と同じで，本来起きるはずのない事故が起きたという受けとり方である．

Wikipediaに見るような，一般的なクラウドの定義が「利用形態」という言葉をその定義に含むのは，このような差異を示すためと思われるが，単なる計算を処理する機械であることと，インフラストラクチャとしてメディアの役割も兼ね備えるということとの間には，これまた大きな相違がある．この相違を理解できないと，「利用形態」という言葉が，端末や機器の使い方に矮小化されるので，クラウドの本質的な意義を見逃してしまう．

クラウドの性質として引用される，使用料に応じた課金，可変性，拡張性などは，これら三つの本質を満たすために必要なものであると理解することができる．

9.2　クラウドの将来と可能性

前節で，クラウドの本質として，情報隠蔽，高度な品質と大量の装置，およびインフラストラクチャであると述べた．前節では，このような性質が，

現代社会の様々な分野で見られることについても若干触れた．例えば，交通運搬手段としての自動車を，二輪車やトラックなども含めて考えればよい．それらは，性能品質においても，量の豊富さにおいても，さらには，一般民衆が購入利用できる価格の面でも，インフラストラクチャと呼んでも構わないようになってきている．少なくとも，このような「自動車」を支える，道路網，信号網などは，れっきとしたインフラストラクチャである．

　クラウドの将来は，このような社会におけるインフラストラクチャの将来の在り方に大きく関わる．人々が期待を寄せる可能性は，クラウドの技術が進展し，クラウドを支える産業基盤が充実することによって，現在よりもはるかに柔軟で，地球上のどこからでも，いつでも利用可能な情報通信インフラストラクチャが出現することである．その呼び名が，今と同じように「クラウド」であるかどうかは，おそらくはどうでもいいことだろう．

　そのような次世代のクラウドインフラストラクチャは，将来の社会や産業の基盤として，その発展に大きく寄与することが期待される．さらに，現在，我々が抱えている，エネルギーや地球温暖化などの環境問題，さらには，経済的な格差などの社会問題などの問題点の可視化やリスクの軽減，さらには，そのような問題そのものの解決に寄与することまで期待される．

　そのような将来のクラウドを用いることによって，現在よりも，はるかに大量の情報に，より短時間でアクセスすることが可能になり，社会制度や経済活動が，このクラウドを活用して，発展，進化することが期待される．

　例えば，e-Government（電子政府）の飛躍的な発展によって，公共サービスの在り方が大きく変わる可能性がある．また，労働の在り方も，クラウドソーシング (crowd sourcing) の普及とともに，大きく変わり，現在のような通勤ラッシュが解消されるかもしれない．そもそも，ITS (Intelligent Transport System) などの発達により，自動車の走行も最適化されたり，あるいは，自動走行になって，交通渋滞が解消している可能性もある．

　コンピュータのプロセッサや通信機器においては，信号伝達速度が光の速度を超えられないという物理的限界が存在するし，地球上のエネルギーも有限なので，処理速度が限りなく向上して，情報処理に必要な時間が限りなくゼロに近づくということは期待できない．明らかに，単一の情報処理の処理速度の限界は，すぐそこまで来ている．しかし，並列処理技術とソフトウェ

163

ア技術との組み合わせにより，利用者にとっての待ち時間を減らすことは，まだまだ可能である．例えば，現時点では，まだ実現の方策が見えないが，グローバルに計算の途中結果を共用化することで，無駄な計算を省くことすら，原理的には可能である．

　処理結果の表示においても，人間の視聴覚についての研究が進み，連携技術が発展すれば，データを端末画面に表示して，それを読み取るという現在の方式から脱して，直接，脳にデータを入力して認知するという方式が可能になるかもしれない．それは，視覚障害者にとっての朗報となると同時に，現在，ディスプレイやタブレットなどの製造・販売に携わる産業の廃業という過酷な状況をも意味する．しかし，現在膨大な資源やエネルギーを消費している表示装置がいらなくなる可能性を考えると，膨大な資源エネルギーの節約が同時に実現される可能性がある．

　その手前に，Googleグラスのようなウェアラブルデバイスがある．日本も含めて，多数の企業がこのようなスマートフォンやタブレットの次（正しくは，補完関係なので，スマートフォンやタブレットがなくなることはないだろう）のデバイスの開発に精力的にとり組んでいる．iPhoneが出る前は，日本国内では，懐疑的な意見が強かったのを覚えているので，Googleグラスがどれ位成功するか，期待する声が強いだけに懸念もあるのだが，明らかに，使い方が変わるに違いない．現時点で予想がつくのは，音声入力の飛躍的な進歩だろう．

　このほかの近未来の可能性としては，メディアとしてのクラウドの影響が，政治，社会，経済の様々な側面に影響をもたらすことが期待される．次節で述べるが，このようなクラウドという情報通信インフラの変革が，制度や経済活動のような「ソフトウェア」に影響をもたらすには，このソフトウェアを構成する人々の意識や認識，考え方の変革が必要となる．同時に，歴史的な事実としてわかっていることは，インフラの変革が，人々の意識や認識，考え方に影響をあたえることである．

　例えば，スマートフォンは，電話網につながる携帯電話というよりも，クラウド端末として理解するほうが素直であり，なぜ，日本国内ではガラケーと揶揄される従来の携帯電話より普及しているかを理解しやすい．その意味で，現在は，旧来の電話網がクラウドに置き換えられていく過渡期と捉える

こともできるのだが，そう捉えれば，スマートフォンの普及がクラウドそのものとともにクラウドの利用形態を大きく変えていると述べることができる．

この視点の移動は，電話網がクラウドを意味するようになったのだとも考えることができるので，その立場だと，「電話」という，元来は，音声を介してやりとりしていた情報が，文字と画像とによる情報のやりとりとなり，今また，ウェアラブルデバイスの登場により，入力は音声に復帰しそうだと述べることもできる．

ウェアラブルデバイスが普及すれば，その情報処理量は，今のスマートフォンをさらに上回るようになるだろう．音声認識だけでもかなりの量の情報処理が必要となる．情報の提示の仕方も色々なアプリケーションが考えられるだけに，携帯電話を含めた無線インターネットのインフラにさらに負荷がかかることも予想される．

9.3 クラウドの方向性と課題

前節では，クラウドの将来についての，どちらかと言えばバラ色の可能性をスケッチしたが，すべてがこのように順調に行くとは限らないし，順調に進んだとしても，それが，我々にとって幸せな結果をもたらすと結論を下すのは少し早すぎるだろう．

クラウドの今後の方向性を考えながら，そのための課題を検討しておこう．第一に，データ量がさらに増大するという方向性がある．技術がどのように発展・高度化しても，インターネットに貯えられるデータの量はさらに増大する．そして，情報通信の処理という大量の需要があるはずで，それをどのようにして満たせるかという課題がある．

すでに述べたように，個々のCPUの処理性能は，ゆっくりだが壁にぶつかりつつあり，それを克服するために，並列処理技術を一層進展させるという課題がある．

マイクロプロセッサのトレンドは，[Borkar11]にあるように，多数のコアを実装する方向にあり，（メニーコアと呼ばれているが）プロセッサ内にコアのクラウドが出現しそうな勢いである．このような多数のコアを効率良く使用する技術は，いまだに開拓途上にある．

第9章 クラウドの本質、将来、方向性と課題

　これは，通信技術についても言えることで，クラウド端末が，70億とも言われる将来の地球人口の過半に達するときに，どれだけ円滑に通信することができるのか，また，その通信が，本当に安定的なものになるのかは，まだわかっていないというのが正直なところであろう．

　2011年3月11日の福島第一原子力発電所の事故がもたらした教訓は，正確な情報伝達と，利害関係に囚われない判断を多くの人が共有しないと，現にその場にあり，指摘されている危険性すら放置されるという現実であった．クラウドシステムが内包するリスクは，原子力発電所よりはるかに複雑なものである可能性がある．しかも，原子力発電所は，基本的には発電所内にリスクを限定することが可能であった．しかし，将来のクラウドシステムは，インフラストラクチャという性質から，その内包しているであろうリスクをクラウドシステムの内側からだけでは把握できない危険性がある．

　例えば，どこかの大規模発電設備がクラウドを使っていたとする．そこで，クラウドに故障があったり，何かのことでデータが使えなかったりすると，問題の大規模発電設備が止まってしまうかもしれない．クラウドデータセンターが，もしも，その発電設備から電気をとりいれていると，クラウドの障害はさらに大きくなる危険性すらある．

　さらに，クラウドがインフラストラクチャであるという本質は，そのまま，クラウドの抱えるリスクが，政治，経済，社会に大きな影響を与える可能性を示唆する．いわゆるデータセンターは，以前から，セキュリティリスクについて，多大の努力を傾けてきているが，クラウドデータセンターにおいては，より一層高水準のセキュリティ対策が必要となろう．

　事故対策においては，センターの安全性確保だけではなく，緊急時に個別に立ち上げ可能な簡便な情報通信基地局の開発も必要となり，自動車や気球など様々な装置の利用が提案されている．

　前節で，表示装置についての可能性を述べたが，ユーザインタフェースとしては，音声入出力の利用が最近急速に増えてきている．パソコンにおいても，タブレットやスマートフォンの画面インタフェースが採用される動きもあるが，このような新しいインタフェースの統合を進めながら，スパムやマルウェアなどにつけ込む隙を与えないようにするには，どうすればいいかなど，細かな点を含めての課題は多い．

さらに，丸山が指摘したように［丸山12］，クラウドの指数関数的な発展は，通信網における処理能力に課題を残すだけでなく，サービスを提供している様々なサイトのサーバに対しても致命的な影響，結果としてはDOS攻撃に似た影響をもたらす可能性がある．思いがけない通信量の増大に対処できるシステム構築と処理能力の増強が必要となる．

かつて，北米の電力グリッドで，一箇所の倒木による断線の影響が広がって，広範囲の停電を招いたのと同じことが，クラウドのネットワークにおいても起きないという保障はない．

また，クラウドへの過度の依存が，システム運用や，あるいは，社会活動において，望ましくない歪みをもたらすのではないかという危惧もある．期待の光が強ければ強いだけ，上手くいかなかったときの陰は暗くなる可能性がある．クラウドの将来には，まだまだ多くの課題が残されているといえるだろう．

インフラストラクチャとしてのクラウドに本質的な課題として，この構築運用をいつまでも民間企業の活動に頼ることができるか，あるいは頼るべきだとして，何が必要かという議論がある．

インターネットのバックボーンに関しては，現時点でも，インフラ設備を担う通信事業者が維持管理を引き受けており，費用を通信料という形で，消費者に負担させている．クラウドのエンジンというべき，クラウドデータセンターは，ここ数年の動きを見ていても従来通り，企業側での努力に依存するのだろう．政府による官僚的な運営で，低価格かつ高性能なサービスを維持できるとは思えない．

通信網とクラウドとを結びつける部分については，民間だけではない，何か別の方法が必要になるかもしれない．地球の人口を超えるクラウドデバイスの普及を含め，これから先何が起こるかはいまだわからないことが多い．

コラム

日本のクラウド事業者は生き延びられるか？

　普通の教科書ではこんな危ない話題はとりあげない．一般向けの解説書でも無理で，週刊誌でやっととりあげられるかどうかというテーマだが，酒宴の席などでは大いに盛り上がるテーマである．

　クラウド事業は，膨大なインフラ投資と，回収のための巨大な顧客を必要とする．つまり，規模の経済が効く典型的な事業であるから，グローバルな規模をいったん獲得して，その地位を維持できれば，より規模の小さい事業者を圧倒できる．日本のクラウド事業者は，日本という地理的制約だけを考えてみても，グローバル展開している事業者に勝てない．

　でも，現在は，日本のクラウド事業者も健闘しており，上のような単純な図式に収まっていない．だからといって，生き延びられるかどうかは別問題なのだ．

　ビジネスの世界は，単純な勝ち負けで決まるものではない．競合を潰せばいいというものでもないから，規模というハンディキャップがあっても生き延びられることがある．一方で，顧客の方は，移り気で，いつ気を変えるかわかったものではない．BCPを真剣に考えれば，データセンターが国内にしかない日本のクラウド事業者に頼るべきではないという結論が出る．

　私見では，日本のクラウド事業者は，ちょうど日本の会計事務所のように，グローバルなクラウド事業者と提携するか，それこそ，まったく違うビジネスモデルを開発しない限り，生き残れないと思っている．日本政府のクラウド調達で生き延びるなどは最悪の選択肢だろう．グローバルなネットワークとの連携で，安価で良質で，ほかと違ったサービスを開発することが，日本のクラウド事業者に課せられた使命であり，そのためには，形だけの独立は何の役にも立たない．

謝　辞

　一つの本を仕上げるという作業は，非常な労力を要する．言い換えれば，本が一冊でき上がるには，数多くの人の支えがいる．

　最初に丸山不二夫先生に心からの謝意を表したい．もともと，本書執筆時に，丸山先生と共著でという前提で始めたこともあり，本書の狙いで述べたように，クラウドへの関わりで，日本国内で丸山先生が主催されたクラウド研究会の果たした役割は極めて大きい．本書の最終段階で，原稿最終執筆に直接関わっていないからという理由で，共著ではなく単著になったのだが，第1章「クラウドの歴史」の1.1節は，丸山先生が用意された草稿をほぼそのままの形で利用させていただいた．また，本書内の各所で，クラウド研究会やマルレクで丸山先生が用意された図版を使わせていただいた．丸山先生の講演に出席した人なら知っていることだが，時間切れで話すことのできないほどの膨大な資料を用意されているのにはいつも感心している．いずれ，この膨大な資料が，本のような形式で，もっと多くの人の役に立つことを改めて願う次第である．

　本を書くという作業は，家族の支えなしには実現できないことを，あらゆる著者は実感している．改めて，最愛の妻 容子に感謝の言葉を捧げたい．

　草稿の段階でお世話になった三菱商事(株)の岩野和生さん，朝倉書店編集担当の田村透さんにも深く感謝したい．

　アマゾンデータサービスジャパン株式会社の玉川憲氏，片山暁雄氏，アイレット株式会社の鈴木宏康氏には，クラウドデザインパターンの図版掲載の許可を頂いただけでなく，草稿の校正をしていただいて感謝している．

　最後になるが，共立出版(株)編集部の大越隆道さんには，本書の企画から題名まで，誕生を文字通りとりあげていただいた．改めて感謝したい．

　さらに，今，本書を手にとっておられる読者に感謝するとともに，本書が少しでも読者だけでなく，クラウドに関わるすべての人に役立つことを祈りたい．

2014年5月　　黒川利明

参考文献

[Alexander77] C. Alexander, S. Ishikawa and M. Silverstein, *A Pattern Language: Towns, Buildings*, Construction, Oxford University Press, 1977. 平田翰那訳, 『パタン・ランゲージ―環境設計の手引』, 鹿島出版会, 1984.

[Anderson09] C. Anderson, Free: *The Future of a Radical Price*, Hyperion, 2009. 小林弘人(監修), 高橋則明(翻訳), 『フリー～〈無料〉からお金をうみだす新戦略』, 日本放送出版協会, 2009.

[BigTable06] F. Chang, J. Dean, S. Ghemawat, W. C. Hsieh, D. A. Wallach, M. Burrows, T. Chandra, A. Fikes and R. E. Gruber, "Bigtable: A Distributed Storage System for Structured Data", OSDI'06: Seventh Symposium on Operating System Design and Implementation, Seattle, WA, 2006.

[Borkar11] S. Borkar and A. A. Chien, "The future of microprocessors", *Communications of the ACM*, 54(5), 67--77, 2011.

[Brooks75] F. P. Brooks, Jr., *The Mythical Man-Month Essays on Software Engineering*, Addison-Wesley Publishing Co., 1975. 滝沢徹 他 (訳), 『人月の神話―狼人間を撃つ銀の弾はない』, アジソン・ウェスレイ・パブリッシャーズ・ジャパン, 1996.

[Carr08] N. Carr, *THE BIG SWITCH – Rewriting the world, from Edison to Google*, W. W. Norton & Company, 2008. 村上彩 (訳), 『クラウド化する世界』, 翔泳社, 2008.

[CIO11] CIO連絡会議, 政府共通プラットフォーム整備計画, http://www.kantei.go.jp/jp/singi/it2/cio/dai44/siryou1_1.pdf, 2011.

[Cronin94] M. Cronin, *Doing Business on the Internet*, Van Nostrand Reinhold, 1994. 黒川利明 (監訳)『インターネットビジネス活用の最前線』, インターナショナル・トムソン・パブリッシング・ジャパン, 1994.

[cyberpolice09] 警察庁情報通信局情報技術解析課, 情報技術解析平成21年報, http://www.npa.go.jp/cyberpolice/detect/pdf/H21_betsu.pdf

[Datacenter as a computer] L. A. Barroso and U. Hölzle, *The Datacenter as a Computer: An Introduction to the Design of Warehouse-Scale Machines*, Morgan & Claypool, 2009

[DPPE12] グリーンIT推進協議会, 新データセンタエネルギー効率評価指標DPPE (Datacenter Performance per Energy)測定ガイドライン (Ver2.05), http://home.jeita.or.jp/greenit-pc/topics/release/pdf/dppe_j_Measurement_Guidelines.pdf, 2012.

[FCW12] FCW, What the end of Apps.gov teaches, http://fcw.com/articles/2012/12/05/apps-gov-lessons.aspx, 2012

[FeiMc83] E. A. Feigenbaum and P. McCorduck, *THE FIFTH GENERATION*, Addison-Wesley, 1983. 木村繁 (訳), 『第五世代コンピュータ』, TBSブリタニカ, 1983.

[FirstServer12] IT Leaders記事,5700件のデータ消失事故はなぜ起きたのか, ファーストサーバの事故の経緯と背景を追うhttp://it.impressbm.co.jp/e/2012/08/03/4559/page/0/1

[GAE0907] Public Key, Google App Engineにデータストアの障害発生, http://www.publickey1.jp/blog/09/google_app_engine6.html, 2009.

[Gartner13] Gartner Newsroom, Gartner's 2013 Hype Cycle for Emerging Technologies Maps Out Evolving Relationship Between Humans and Machines, http://www.gartner.com/newsroom/id/2575515, 2013

[Gertner12] J. Gertner, *THE IDEA FACTORY: Bell Labs and the Great Age of American Innovation*, Penguin Press, 2012. 土方奈美（訳）,『世界の技術を支配するベル研究所の興亡』,文藝春秋, 2013.

[GFS03] S. Ghemawat, H. Gobioff and S.-T. Leung, "The Google File System", 19th ACM Symposium on Operating Systems Principles, Lake George, NY, 2003.

[GoF94] E. Helm, R. Johnson, R. Vlissides and J. Gamma, *Design Patterns: Elements of Reusable Object-Oriented Software*, Addison-Wesley Professional, 1994. 本位田真一, 吉田和樹（監訳）,『オブジェクト指向における再利用のためのデザインパターン』, ソフトバンクパブリッシング, 1995.

[GoogleHDD07] E. Pinheiro, W.-D. Weber and L. A. Barroso, "Failure Trends in a Large Disk Drive Population", Proceedings of the 5th USENIX Conference on Fileand Storage Technologies (FASTf07), 2007.

[IEEE10] IEEE, The First IEEE International Workshop on Cloud Computing Interoperability and Services (InterCloud 2010), http://www.sislab.no/intercloud/, 2010.

[IEEE11] IEEE, P2302---Standard for Intercloud Interoperability and Federation (SIIF), http://standards.ieee.org/develop/project/2302.html, 2011.

[IIJ13] DCファシリティ詳細, IIJデータセンターサービス, http://www.iij.ad.jp/biz/dc/facility.html.

[InternetWatch13] InternetWatch, もう自宅プリンターは不要？, http://internet.watch.impress.co.jp/docs/special/20130812_610859.html

[ITmedia12] ITmedia, クラウド・エコシステム, http://blogs.itmedia.co.jp/business20/2012/05/post-0774.html, 2012.

[IT戦略本部09] IT戦略本部, デジタル新時代に向けた新たな戦略～三か年緊急プラン～, http://www.kantei.go.jp/jp/singi/it2/kettei/090409plan/090409honbun.pdf, 2009.

[JASA13] 日本セキュリティ監査協会, クラウド情報セキュリティ監査制度, http://www.jasa.jp/jcispa/cloud_security/, 2013.

[JIS6319] 日本規格協会, JIS X 6319シリーズ, ICカード実装仕様

171

[Kundera10] V. Kundera, 25 Point Implementation Plan to Reform Federal Information Technology, http://www.dhs.gov/sites/default/files/publications/digital-strategy/25-point-implementation-plan-to-reform-federal-it.pdf, 2010

[Kundera11] V. Kundera, FEDERAL CLOUD COMPUTING STRATEGY, http://www.dhs.gov/sites/default/files/publications/digital-strategy/federal-cloud-computing-strategy.pdf, 2011

[Microsoft12] Microsoft, Microsoft to Expand its Dublin Data Centre, http://www.microsoft.com/Presspass/emea/presscentre/pressreleases/February2012/23-02DublinDataCentre.mspx, 2012/2/23

[NIST Def] The NIST Definition of Cloud Computing, http://csrc.nist.gov/publications/PubsSPs.html#800-145, 2011.
独立行政法人 情報処理推進機構による翻訳がhttp://www.ipa.go.jp/security/publications/nist/documents/SP800-145-J-Draft.pdfに掲示されている

[NIST RA] NIST Cloud Computing Reference Architecture, http://www.nist.gov/customcf/get_pdf.cfm?pub_id=909505, 2011

[NISTsyn12] NIST, Cloud Computing Synopsis and Recommendations, NIST-800-146, http://csrc.nist.gov/publications/nistpubs/800-146/sp800-146.pdf, 2012

[NRI10] NRIセキュアテクノロジーズ, 秘密分散公開実証実験報告書, http://www.nri-secure.co.jp/service/cube/pdf/experiment_report.pdf, 2010.

[OpenFlow13] OpenFlowを開発しているOpen Networking Foundationのサイトには, 関連文書が掲載されている. https://www.opennetworking.org/sdn-resources/onf-specifications/openflow
現状のOpenFlowにまつわる様々なことがらが, ITProの次の記事にうまくまとめられている.
http://itpro.nikkeibp.co.jp/article/Watcher/20130521/478422/

[PaaS09] E. M. Maximilien, et al., Privacy-as-a-Service: Models, Algorithms, and Results on the Facebook Platform, *Proc. W2SP 2009: WEB 2.0 SECURITY AND PRIVACY*, 2009.

[Peng10] D. Peng and F. Dabek, *Large-scale Incremental Processing Using Distributed Transactions and Notifications*, OSDI, 2010.

[PoGo74] G. J. Popek and R. P. Goldberg, "Formal Requirements for Virtualizable Third Generation Architectures", *Communications of the ACM*, 17(7), 412--421, 1974.

[Rinard04] M. Rinard, et al., "Enhancing Server Availability and Security Through Failure---Oblivious Computing", *Proc. 6th Conference on Symposium on Operating Systems Design & Implementation*, 21--21, 2004.

[Stuxnet11] ITMedia, 原発を乗っ取るコンピュータウイルスはどう侵入したのか, http://www.itmedia.co.jp/enterprise/articles/1109/02/news080.html

参考文献

[Tapscot09] D. Tapscot, *Grown Up Digital: How the Net Generation is Changing Your World*, McGraw-Hill, 2009. 栗原潔（訳），『デジタルネイティブが世界を変える』，翔泳社，2009.

[USCIO12] US CIO Council and Chief Acquisition Officers Council, Creating Effective Cloud Computing Contracts for the Federal Government ― Best Practices for Acquiring IT as a Service, https://cio.gov/wp-content/uploads/downloads/2012/09/cloudbestpractices.pdf, 2012

[Vogels08] W. Vogels, "Eventually Consistent", *Queue*, 6(6), 2008.

[Wired12] Wired, アマゾンのクラウドを支える謎のサーヴァー台数：推定約45万台か, http://wired.jp/2012/03/17/amazon-ec2/, 2012

[Wired13] Wired, CIAのクラウド案件でIBMに競り勝った，アマゾンAWSの変節, http://wired.jp/2013/06/23/amazon-cia/?utm_source%3Dfeed%26utm_medium%3D, 2013.

[Xen08] D. Chisnall, *The Definitive Guide to the Xen Hypervisor*, Prentice Hall, 2007. 渡邊了介（訳），『仮想化技術Xen技概念と内部構造』，毎日コミュニケーションズ, 2008.

[ZDNet1306] ZDnet Japan,「セキュリティ懸念」に変化―広がるクラウド活用領域, http://japan.zdnet.com/cloud/sp/35032940/, 2013

[大澤13] 日経Systems（編），玉川憲，片山暁雄，鈴木宏康（監修），大澤文孝，『Amazon Web Servicesクラウドデザインパターン実装ガイド』，日経BP社，2013.

[霞ヶ関13] 総務省,「政府共通プラットフォーム」の運用を開始, http://www.soumu.go.jp/menu_news/s-news/01gyokan05_02000025.html, 2013.

[河野07] 河野健二,『オペレーティングシステムの仕組み』, 情報科学こんせぷつ5, 朝倉書店, 2007.

[グリーンIT推進協議会12] グリーンIT推進協議会, Harmonizing Global Metrics for Data Center Energy Efficiency, http://home.jeita.or.jp/greenit-pc/topics/release/pdf/dppe_j_20121122.pdf, 2012

[黒川06] 黒川利明,『情報システム学入門』, 牧野書店, 2006.

[黒川09] 黒川利明,「第五世代計算機プロジェクトで何を「評価」すべきか―国家と個人を軸に」,『科学』, 岩波書店, 79(3), 333--338, 2009.

[黒川・日高10] 黒川利明・日高一義,「「所有から利用へ」の世界を支えるクラウド・コンピューティングの可能性」,『科学技術動向』, 111, 10--21, 2010. http://www.nistep.go.jp/achiev/ftx/jpn/stfc/stt111j/report1.pdf

[齋藤13] 齋藤ウィリアム浩幸,『その考え方は「世界標準」ですか？』, 大和書房, 2013

[さくら11] さくらインターネット, 石狩データセンター, http://ishikari.sakura.ad.jp/

参考文献

[セキュリティ教科書] 毎年,多数の本が出されているが,代表的なものを示しておく.
佐々木良一 他(編著),『ITリスク学―「情報セキュリティ」を超えて―』,共立出版,2013.
情報処理推進機構,『情報セキュリティ読本 四訂版:IT時代の危機管理入門』,実教出版,2012.
上原孝之,『情報処理教科書 情報セキュリティスペシャリスト 2014年版』,翔泳社,2013.
徳丸浩,『体系的に学ぶ安全なWebアプリケーションの作り方―脆弱性が生まれる原理と対策の実践』,ソフトバンククリエイティブ,2011.
日本ネットワークセキュリティ協会教育部会,『情報セキュリティプロフェッショナル教科書』,アスキー・メディアワークス,2009.

[玉川12] 日経 Systems(編),玉川憲,片山暁雄,鈴木宏康,『Amazon Web Services クラウドデザインパターン設計ガイド』,日経BP社,2012.

[戸村11] 戸村智憲,『中小企業のための危機管理・事業継続・防災対応へのクラウド活用』,同友館,2011.

[戸村12] 戸村智憲,『危機管理型クラウド―場所に縛られないIT環境による機器に強く人にやさしい経営へ―』,税務管理協会,2012.

[日経PCオンライン] http://pc.nikkeibp.co.jp/article/news/20130513/1090065/?rt=nocnt

[林10]「情報技術の思想家 渕一博」,田中穂積,黒川利明 他(編著),『渕一博―その人とコンピュータ・サイエンス』,近代科学社,3--43,2010.

[富士通13] 富士通,食・農クラウド Akisai, http://jp.fujitsu.com/solutions/cloud/agri/, 2013.

[渕86] 渕一博・黒川利明(編著),『新世代プログラミング』,共立出版,1986.

[丸山00] 丸山不二夫,『情報メディア論』,八千代出版,2000.

[丸山09] 丸山不二夫,首藤一幸(編),『クラウドの技術―雲の世界の向こうをつかむ』,アスキー・メディアワークス,2009.

[丸山10] 丸山不二夫,首藤一幸,浦本直彦(監修),高嶋優子,徳弘太郎(翻訳),『Googleクラウドの核心』,日経BP社,2010.([Datacenter as a computer]とDRAM errors in the Wildの訳)

[丸山12] 丸山不二夫,マルレク,クラウド研究会資料集,2012.

[三野05] 三野正洋,『日本軍の小失敗の研究―現代に活かせる太平洋戦争の教訓』,光人社NF文庫,2005.

[ロイター14] ロイター,任天堂が3期連続の営業赤字へ,「WiiU」年末商戦で不振, http://jp.reuters.com/article/topNews/idJPTYEA0G05820140117

索引

数字

2相コミット 105
20世紀のメディア 22

アルファベット

A

Amazon EC2
（Amazon Elastic Compute Cloud） 3
Amazon Simple Storage Service
（Amazon S3） 128
AMI（Amazon Machine Image） 133
Apps.gov 46
ASP（Application Service Provider） 35

B

BCP（Business Continuity Plan） 122
BigTable 99, 101
BPaaS-Business Process as a service 35

C

CAPTCHA 112
Chaos Monkey 130

D

de facto 標準 91
de jure 標準 91
DoS（Denial of Services）攻撃 112
DPPE
（Datacenter Performance Per Energy） 86

E

e-Government（電子政府） 163

Elastic Computing 3

F

FedRAMP 47

G

GFS 99, 101
Gmail 36
Google グラス 164
GPS（全地球測位システム） 16

H

HaaS（Hardware as a Service） 4, 35
Hadoop 70
HITAC8800/8700 7
hotmail 36
Hyper-V 62

I

IaaS 37
iCloud 5
i-Japan 戦略2015 5
Internet of Things
（モノのインターネット） 15
ISDN
（Integrated Services Digital Network） 14
ITS（Intelligent Transport System） 163

J

Java VM 60

L

LAN（Local Area Network） 6

175

索 引

M

M2M（Machine to Machine）..........................15
MapReduce 98
measured service 34
MIPS, Million Instructions per Second........67

N

Netflix 社...130
NIST（米国標準技術研究所）クラウドモデル....31

P

PaaS（Platform as a Service）................4, 36
PC（Personal Computer，パソコン）..............6
Popek と Goldberg の仮想化要件...................63
POP サーバ..36
Privacy as a Service 35

S

SaaS（Software as a Service）..............4, 35
SCM（Supply Chain Management）..........113
SLA（Service Level Agreement）................25
SMTP サーバ...36
SQL インジェクション 117
System/360 61

U

UPS（無停電装置）..81

X

XaaS（X as a Service）..................................35
Xen..61
XEROX STAR..8

Y

Yahoo mail...36

50 音順

あ

アーキテクチャ（architecture）......................28
アジャイル（agile）..130

い

インタークラウド（Inter-Cloud）.....................51
インタークラウド相互運用性及びフェデレーション標準（Standard for Intercloud Interoperability and Federation (SIIF)）......................................51
隠蔽..160

う

ウェアラブルデバイス......................................164

え

エラー忘却型コンピューティング
（failure-oblivious computing）......................105
遠隔操作（Teleoperation）..............................54

お

オートノミックコンピューティング...........13, 20
オーバーヘッド（overhead）............................67

か

拡張現実（Augmented Reality）....................53
霞が関クラウド...5, 41
仮想化技術（Virtualization）...........................52
仮想記憶（Virtual Memory，VM）..................56
仮想現実（Virtual Reality）..............................54
仮想マシン（Virtual Machine）........................60
関係データベース...104

き

キーバリューストア
(Key Value Store) 104, 105
キャパシティプランニング 85
共有メモリ型並列処理 68
ギルダー（Gilder）の法則 11

く

クライアントサーバシステム（CSS）..................... 6
クラウド概念参照モデル
(The Conceptual Reference Model) 32
クラウド監査（cloud auditor）........................... 42
クラウドキャリヤ 44
クラウド研究会 4
クラウドコンピューティング
(Cloud Computing) 3
クラウドサービス管理
(cloud service management) 43
クラウドサービスのアーキテクチャ 29
クラウドソーシング（crowd sourcing）....... 163
クラウドデータセンター 45, 77
クラウドデータセンターの運用技術 83
クラウドデザインパターン
(Cloud Design Pattern, CDP) 127, 131
クラウドデバイス 21
クラウドのエコシステム 48
クラウドの定義 1, 9, 32, 64, 159, 160, 161
クラウドのモデル 30
クラウドファースト 47
クラウドプリンティング 27
クラウドブローカー 44
クラサバ 6
グリーン IT 82
グリッドコンピューティング
(Grid Computing) 13, 18
クレジットカード課金 38

け

結果整合性（eventual consistency）......... 105
結合（join）演算 104

こ

コミュニティクラウド 40
コンテナ型データセンター 82

さ

サーバ（Server Computer）.............................. 6
サーバファーム（server farm）...................... 81
サービスが計測可能であること 34
サービス指向アーキテクチャ
(Service Oriented Architecture, SOA) 24
サービスの集約（aggregation）..................... 44
サービスの仲介（intermediation）................. 44
サービスの売買（arbitrage）.......................... 44
サービスモデル 34
サン・マイクロシステムズ
(SUN Microsystems) 13

し

事業継続計画
(Business Continuity Plan, BCP)........... 147
集中システム 100
小規模並列（small scale parallel）................ 69
情報隠蔽（information hiding）................... 160

す

スケールアウト（Scale-Out）.......................... 12
スケールアップ（Scale-Up）........................... 12
ストレージ 74
ストレージファーム 81
スパム（spam）... 119

索 引

スプーラー（spooler）..................................58
スプール処理（spooling）............................58
スマートデバイス...92

せ

制御用コンピュータ
（Process control computer，プロコン）........7
セキュリティ（security）...............................106
セキュリティ評価（assessment）.................118
全維持費用
（TCO, Total Cost of Ownership）................83
センサーネットワーク...................................15
センシティブ命令（sensitive instruction）....62

た

大規模並列処理..96
第五世代コンピュータプロジェクト...............96
タイムシェアリングシステム
（Time Sharing System，TSS）......................8
多重処理（multi-processing）......................67

ち

抽象化（abstraction）..................................55
超並列（massively parallel）.......................69

て

データセンターに関する標準化..................90
データ並列（data parallelism）...................68
デザインパターン......................................131
デジタルネイティブ.....................................118
テレプレゼンス（Telepresence）..................54
電子情報技術産業協会（JEITA）.................86

と

同期（synchronize）....................................67
どこでもコンピューティング.........................15

特権命令（priviledged instruction）.............62

ね

ネットワークコンピューティング.............12, 13
ネットワークセントリックコンピューティング
（Network Centric Computing，NCC）.........14

の

農林漁業クラウド..26

は

バーチャルプライベートクラウド...................40
バーチャルプライベートネットワーク
（Virtual Private Network，VPN）................40
ハードディスクの高温運用...........................84
ハイパーバイザー（hypervisor）...................61
ハイプサイクル...156
ハイブリッドクラウド....................................39
バズワード..156
パブリッククラウド......................................38
パベーシブコンピューティング
（Pervasive computing）..............................15
半導体技術..73
万能チューリング機械
（Universal Turing Machine）.......................53

ひ

ビッグデータ..34

ふ

プライベートクラウド.............................33, 39
ブレード（blade）...81
分散システム...100

へ

米国政府の調達モデル..............................45

178

索 引

並列処理（parallel processing）......................66

ほ

ポート（port）...57
ボット（bot）..114
ボランティアコンピューティング...............................95
ホログラムメモリ...74

ま

丸山不二夫..4

み

ミニコンピュータ（mini computer）.....................7

む

ムーアの法則（Moore's Law）..........................10
無線インターネット..65
無料ビジネス..106

め

メインフレーム（mainframe）..............................7
メッセージ伝播型並列処理
（非共有メモリ型並列処理）................................68
メニーコア...165
メモリマップI/O（memory mapped I/O）.....57

も

モデル化（modeling）...54
モノのインターネット（InternetOfThings（IoT），
Machine-to-Machine（M2M））.....................65
モバイルインターネット.......................................65
モバイルビジネス..150

ゆ

ユーザインタフェース（UI）................................15
ユーザセキュリティ（user security）..............118

ユーティリティコンピューティング
（Utility Computing）............................3, 13, 17
ユビキタスコンピューティング
（Ubiquitus Computing）............................13, 15
ユビキタスネットワーク.......................................15
ユビキタスネットワーク社会..............................15

り

リソースの共用...33
量子コンピュータ（quantum computer）........69
量子ビット（qubit）..69
利用モデル（Deployment Model）..................38

れ

連邦政府一般調達局
（General Service Administration：GSA）....46

ろ

ロードバランス（負荷平衡）..............................102

わ

ワークステーション
（Workstation computer）..................................7
ワーム..114

memorandom

memorandom

memorandom

【著者紹介】

黒川利明（くろかわ としあき）

1972年，東京大学教養学部基礎科学科卒．東芝，新世代コンピュータ技術開発機構，日本アイ・ビー・エム，CSK（現SCSK），金沢工業大学を経てデザイン思考教育研究所主宰，ジェネクサス・ジャパン技術顧問．ICES創立者．情報処理学会会員．こどもと未来とデザインと，若手とシニアの架け橋の会，Statistics in a Nutshell読書会などを行なっている．クラウドについては，当時勤務していたCSK/SCSKのクラウド事業以外に，丸山不二夫主宰のクラウド研究会，JEITAソフトウェア技術専門委員会，文部科学省科学技術政策研究所などで関わる．

著書に『渕一博，その人とコンピュータサイエンス』（共編著，近代科学社，2010）,『ソフトウェア入門』（岩波新書，2004）,『新世代プログラミング』（共編著，共立出版，1986）,『PASCAL 8週間』（共立出版，1982）など．訳書に，『情報検索の基礎』（共訳，共立出版，2012）,『アルゴリズム クイックリファレンス』（共訳，オライリージャパン，2010）,『Google PageRankの数理 ―最強検索エンジンのランキング手法を求めて』（共訳，共立出版，2009）,『メタマス！』（白揚社，2007）など．

クラウド技術とクラウドインフラ
―黎明期から今後の発展へ―

Cloud Technology and Cloud Infrastructure
− from its birth to future prosperity

2014年6月25日　初版1刷発行

検印廃止
NDC 547.48
ISBN 978-4-320-12374-8

著　者	黒川利明　© 2014
発行者	南條光章
発行所	共立出版株式会社
	〒112-8700
	東京都文京区小日向4丁目6番19号
	電話（03）3947-2511番（代表）
	振替口座 00110-2-57035番
	URL http://www.kyoritsu-pub.co.jp
印　刷 製　本	錦明印刷
DTP デザイン	IWAI Design

一般社団法人
自然科学書協会
会員

Printed in Japan

JCOPY　＜(社)出版者著作権管理機構委託出版物＞

本書の無断複写は著作権法上での例外を除き禁じられています．複写される場合は，そのつど事前に，(社)出版者著作権管理機構（電話03-3513-6969，FAX 03-3513-6979, e-mail: info@jcopy.or.jp）の許諾を得て下さい．

Christopher D. Manning ・ Prabhakar Raghavan ・ Hinrich Schütze [著]

IR 情報検索の基礎
Introduction to Information Retrieval

岩野和生・黒川利明・濱田誠司・村上明子 [訳]

近年の情報爆発にともなって，膨大な情報から必要な情報を探し出す検索技術が，ますます重要になり，また大きく変化，発展してきた。本書は，従来の古典的な情報検索から，最近のウェブの情報検索までの基礎をわかりやすく扱った網羅的で最先端の入門書である。最初に，文書の前処理，インデックス付け，逆インデックス，重み付け，スコア付け，検索システムの評価といった，情報検索の基礎，特にサーチエンジンに関わる話題をとりあげる。次に，より先進的な話題として，適合フィードバックやクエリー拡張を用いた検索の強化手法，構造化された文書からの情報検索，文書のスコア付けにおける確率論の応用といった話題をとりあげる。その後に，カテゴリー集合への分類問題，クラスタリングの問題といった，様々な形の機械学習と数値手法を取り扱う。最後に，ウェブサーチの問題を扱う。情報検索に関わる，マーケティングから情報管理，コンピュータや言語情報に関連した理学系，工学系，経営系の学生・研究者・技術者にとって有用な1冊となるだろう。

▼ CONTENTS ▼

1. 論理検索
2. 用語語彙とポスティングリスト
3. 辞書と融通のきく検索
4. インデックスの構築
5. インデックスの圧縮
6. スコア付け，用語重み付け，ベクトル空間モデル
7. 検索システム全体のスコア計算
8. 情報検索の評価
9. 適合フィードバックとクエリー拡張
10. XML検索
11. 確率的情報検索
12. 情報検索のための言語モデル
13. テキストの分類とナイーブベイズ
14. ベクトル空間分類
15. サポートベクターマシンと文書の機械学習
16. フラットクラスタリング
17. 階層的クラスタリング
18. 行列の分解と潜在意味インデックス
19. ウェブ検索の基礎
20. ウェブのクローリングとインデックス付け
21. リンク解析

B5判・上製本・496頁
本体価格8,000円（税別）

※価格は変更される場合がございます

http://www.kyoritsu-pub.co.jp/

共立出版

公式Facebook
https://www.facebook.com/kyoritsu.pub